在实验室中

ZAI
SHIYANSHI
ZHONG
XUE
HUANBAO

学环保

李天民　冯　伟　王东文　编著

U0229105

全国百佳图书出版单位

化学工业出版社

·北京·

当前，全球面临着温室效应、酸雨、臭氧层破坏等突出的环境问题，已引起世界各国政府重视；同时，水资源短缺且污染严重、雾霾的大面积形成造成大气污染严重、垃圾围城产生的固体废物污染突出、食品污染引起的社会不稳定因素上升等也已是我国亟待解决的问题。本书在此背景下，以化学实验为切入点，浅显易懂地对环境保护基本知识、当前全球突出的环境问题以及我国存在的主要环境问题进行了较系统的分析。

本书共有三章12节。第一章为环保基本内容概述；第二章为全球突出的温室效应、酸雨、臭氧层破坏和海洋环境问题的论述；第三章为我国当前存在的雾霾、水污染、固体废物污染、噪声污染和食品污染等环境问题的论述。

本书可供初中、高中学生作为环境教育校本教材，也可作为爱护环境、关心环保的广大读者的科普读物。

图书在版编目（CIP）数据

在实验室中学环保/李天民，冯伟，王东文编著
. —北京：化学工业出版社，2020.5
ISBN 978-7-122-36412-8

Ⅰ．①在… Ⅱ．①李… ②冯… ③王… Ⅲ．①环境保护-普及读物 Ⅳ．①X-49

中国版本图书馆CIP数据核字（2020）第039764号

责任编辑：左晨燕　　　　　　　　装帧设计：史利平
责任校对：赵懿桐

出版发行：化学工业出版社（北京市东城区青年湖南街13号　邮政编码100011）
印　　装：三河市延风印装有限公司
710mm×1000mm　1/16　印张12½　彩插1　字数208千字　2020年7月北京第1版第1次印刷

购书咨询：010-64518888　　售后服务：010-64518899
网　　址：http://www.cip.com.cn
凡购买本书，如有缺损质量问题，本社销售中心负责调换。

定　　价：39.80元
版权所有　违者必究

前言

　　随着人类社会的不断发展，人与环境不断地相互影响和作用，同时也伴随着日益严重的环境问题。当前，全球面临着温室效应、酸雨、臭氧层破坏等突出的环境问题，已引起世界各国政府重视；同时，我国还有以下亟待解决的环境问题：水资源短缺且污染严重、大面积雾霾、垃圾围城、食品安全问题等。本书在此背景下，以化学实验为切入点，浅显易懂地对环境保护基本知识、当前全球突出的环境问题以及我国存在的主要环境问题进行了较系统的分析。

　　对青少年进行环保教育，从小提高他们的环境意识，是保护和改善环境的重要治本措施。早在1977年联合国教科文组织就呼吁各国"要有意识地将对环境的关心、活动及内容引入教育体系之中，并将此措施纳入教育政策之中"。我国在《中国21世纪议程——中国21世纪人口、环境与发展白皮书》中写道"加强对受教育者的可持续发展战略思想的灌输。在小学的《自然》和中学的《地理》等课程中纳入资源、生态、环境和可持续发展内容"。可见，环境教育是我国基础教育的必备课程，它贯穿于各科课程之中，并在不断加强。

　　化学与环境关系最为密切。人类在生产和生活过程中，很容易产生人类所不需要的副产物，因处理不当或者无法避免而影响到了环境，造成了环境污染。而环境污染的治理及各种副产物的处理技术，又要依赖化学手段才可能得到根本解决。所以环境与化学相辅相成，密不可分，环境无法离开化学而得到改善。因此，本书在编写过程中，从化学实验入手去学习和了解环境知识，既增加了学生学习环保知识的兴趣，又能够真正让学生了解环境问题的实质，自己动手真实地去解决环境问题。

　　本书共有三章12节。第一章为环保基本内容概述；第二章为全球突出的温室效应、酸雨、臭氧层破坏和海洋环境问题的论述；第三章为我国当前存在的雾

霾、水污染、固体废物污染、噪声污染和食品污染等环境问题的论述。本书可作为中学生环境教育校本教材，也可作为爱护环境、关心环保的广大读者的科普读物。

　　本书在编写过程中，得到部分教师的支持和帮助，在此表示衷心的感谢！由于编著者水平有限，书中难免存在疏漏和不足，敬请各位同仁赐正，以期臻于完善。

编著者

2019年11月于深圳

目录

第二章
全球突出的环境问题　// 29

★ 第一节　温室效应　// 29

目录

目录

第三章

当代中国主要环境问题　//77

目录

目录

环境保护概述

本章主要介绍了环境及环境问题；人类历史上环境问题发展的三个阶段；当代世界和中国的主要环境问题；如何做好人与环境的协调发展；我国环境保护的发展历程、污染现状及原因；简介了我国环境污染的特点及保护对策。

第一节
人类环境问题的产生和发展

一、环境及环境问题

1. 环境的概念

环境是人类进行生产和生活活动的场所，是人类生存和发展的物质基础。换句话说，"环境"就是指周围的事物，是周围一切事物的总和。《中华人民共和国环境保护法》中把环境定义为"影响人类生存和发展的各种天然和经过人工改造的自然因素的总体，包括大气、水、海洋、土地、矿藏、森林、草原、野生生物、自然遗迹、人文遗迹、自然保护区、风景名胜、城市和乡村等"。

环境是一个非常复杂的体系，目前尚未对其形成一个统一的分类。一般常按照环境要素进行分类，可将环境分为自然环境和社会环境。

自然环境是指围绕人类的各种自然因素的总和，是人类及一切生物赖以生存的物质基础，也就是我们常说的水环境（如海洋环境和水泊环境）、大气环境、土壤环境、生物环境（如森林环境、草原环境）等。

社会环境又称人造环境，是指人类社会在长期的发展过程中，经过人类创造或者加工过的物质设施和社会结构。或者说是人类在自然环境的基础上为不断提高自己的物质和精神生活而创造的环境。

2. 环境问题

自从人类诞生开始就存在着人与环境的对立统一关系，两者相互影响、相互依存、相互作用、相互制约。由于人类活动或自然原因使环境条件发生不利于人类的变化，以致影响人类的生产和生活，给人类带来灾害，这就是环境问题。从引起环境问题的根源上考虑，可以将环境问题分为以下两类。

一类是由自然力引起的原生环境问题，又叫第一环境问题，它主要是指地震、海啸、火山活动、泥石流、台风、旱涝灾害、地方病等自然灾害。对于这一类环境问题，目前人类的抵御能力还很脆弱。如1970年热带风暴袭击孟加拉国使30万～50万人丧生，130万人无家可归；1976年我国唐山发生的7.8级地震，导致整个唐山市被夷为平地，有24.3万人丧生，16.5万人受重伤；2008年我国汶川8.0级大地震也造成7万人丧生，37万人受伤，近2万人失踪。

另一类是由人类活动引起的次生环境问题，又叫第二环境问题，次生环境问题一般又分为环境污染和生态破坏两大类：①环境污染，由于人口激增、城市化和工农业高速发展引起的环境污染和破坏，以工业"三废"为主（还有放射性、噪声、震动、光、热、电磁辐射等）的污染物的大量排放，污染环境，危害人类健康生存；②生态破坏，由于人类不合理地开发利用自然环境，超出了环境的自然承载能力，使生态环境质量恶化，自然资源枯竭。也就是说，人类活动引起的自然条件变化，可影响人类的生产活动。例如，草原退化、森林破坏、水土流失、物种灭绝、沙漠化、盐渍化、自然景观受到破坏等。

二、人类环境问题发展的三个阶段

人类是环境的产物，人类要依赖自然环境才能生存和发展；同时，人类又是环境的改造者，通过社会性生产活动来利用和改造环境，使其更适合人类的生存和发展。然而，人类由于对于自然的认识能力和科技水平的限制，在改造环境的过程中，往往会产生意料不到的后果，造成对环境的污染和破坏。因此，环境问题贯穿于人类发展的整个阶段，但在不同历史阶段，由于生产方式和生产力水平的差异，环境问题的类型、影响范围和程度也不尽一致。依据环境问题产生的先后和轻重程度，环境问题的发生与发展，可大致分为三个阶段：自人类出现直至工业革命为止，是早期环境问题阶段；从工业革命到1984年发现南极臭氧空洞为止，是近代环境问题阶段；从1984年发现南极臭氧空洞，引起第二次世界环境问题高潮至今，为当代环境问题阶段。

1. 早期环境问题阶段

环境问题的历史，可以追溯到遥远的农业革命以前的原始社会时代。那时，人们的物质生产能力十分低下，他们主要是通过向自然索取植物性食物和动物性食物等活动来维持自己的生存。他们时刻处于大自然的威胁之中，经常处于饥饿、疾病、受冻、被侵袭等艰苦状态，这种状态使得人们对大自然产生极大的恐惧感。这样，他们只好屈从于自然，神化自然，并通过宗教性质的活动乞求自然之神的保护。大约在170万年前，人们发明了取火技术，将火用于熟食并驱赶严寒，这种生活方式的改变，也把燃烧气体和灰烬固体污染带到了他们居住的洞穴，这是人类活动最早产生的环境污染（图1-1）。

图1-1 原始社会简单生活

伴随着火的利用和石刀、石斧等工具的制造，人们开始了"刀耕火种"。这样，人类征服自然的能力提高了，但同时人类对环境的破坏也就出现了。不过，此时由于人口一直是很少的，人类活动的范围也只占地球表面的极小部分；另一方面，从总体上讲，人类对自然的影响力还很低，还只能依赖自然环境，以采集和猎取天然动植物为生。此时，虽然已经出现了环境问题，但是并不突出，生态系统还有足够的能力自行恢复平衡。所以，在农业革命以前，环境基本上是按照自然规律运动变化的，人在很大程度上仍然依附于自然环境。

当农业和畜牧业开始成为人类生活的重要活动和与自然交往的重要方式时，人类便进入了一种新的文明时代，即农业文明时代。此时，环境问题有了很大变化。其原因，一是生产力不断得到发展。此时，人们不再只是依赖自然界提供的现成食物，而是通过创造一定条件使一些植物和动物得以生长和繁衍，使人类的食物来源有了保障。随着耕种作业的发展，人类已发明和使用了畜力、风力、水利等方面的工具；随着冶炼技术的发明，人类还相继制造出了铁器和铜器等方面的金属工具，从而极大地推动了社会生产力的发展。这样，人类利用和改造环境的力量与作用越来越大了，但与此同时也产生了相应的环境问题。二是人口出现了历史上第一次爆发性增长，由距今1万年前的旧石器时代末期的532万人增加到距今2000年前后的1.33亿人。人口数量大大增加，对地球环境的影响范围和程度也随之增大。由于生产力水平相对较低，人们主要是通过大面积砍伐森林、开垦草原来扩大耕种面积，增加粮食收成，加上刀耕火种等落后的生产方式，导致大量已开垦的土地生产力下降，水土流失加剧，大片肥沃的土地逐渐变成了不毛之地。如2000多年前的四大文明古国之一的巴比伦王国，就是这样忽视对生态环境的保护，乱砍滥伐，开荒造田，最后被滚滚的黄沙所淹没，从地球上销声匿迹了。生态环境的不断恶化，不仅直接影响到人们的生活，而且也在很大程度上影响到人类文明的进程，产生了严重的社会后果。恩格斯在考察古代文明的衰落之后，针对人类破坏环境的恶果，曾经给予人类以告诫："我们不要过分陶醉于我们对自然界的胜利，对于每一次这样的胜利，自然界都报复了我们。""因此我们必须时时记住：我们统治自然界，决不像征服者统治异民族一样，绝不像站在自然界以外的人一样，我们连同我们的肉、血和头脑都是属于自然界，存在于自然界的；我们对自然界的整个统治，是在于我们比其他一切动物强，能够认识和正确运用自然规律。"

总的来看，在农业文明时代，主要的环境问题是生态破坏，污染问题仅在一些人口集中的城市比较突出，引起了人们的重视，并采取了一些防治措施。如，13世纪英国爱德华一世时期，曾经有对燃烧产生"有害的气体"问题提出抗议的记载。

2. 近代环境问题阶段

蒸汽机的发明和广泛使用，火电、电池、电灯等的发明和应用，使生产力大为提高，为人类带来了空前的繁荣和巨大的进步。由此促使了电力工业、电器工业、汽车工业、化工工业等的兴起，形成了一个完备的工业体系。

曾经很长一段时间内，工厂林立，黑烟滚滚被视为经济社会繁荣昌盛的标准而被追捧（图1-2）。工业经济的发展，促使人口向城市聚集，加之工业主要布局在市区，使得城市燃煤和用水量急剧增加。这样，城市和工矿区排放大量的废物（废水、废气、废渣等）污染环境，其中以大气污染和水体污染为主的环境问题不断发生，遍及整个地球。最令人震惊的是"世界八大公害事件"，这八大公害事件是：

图1-2　烟筒排放的浓烟污染

——马斯河谷事件。1930年12月1—5日，比利时马斯河谷的气温发生逆转，工厂排出的有害气体和煤烟粉尘，在近地大气层中积聚。3天后，开始有人发病，一周内，60多人死亡，还有许多家畜死亡。这次事件主要是由几种有害气体和煤烟粉尘污染的综合作用所致，当时大气中的二氧化硫浓度高达$25\sim100mg/m^3$。

——多诺拉事件。1948年10月26—31日，美国宾夕法尼亚州的多诺拉小镇，大部分地区持续有雾，致使全镇43%的人口（5911人）相继发病，其中17人死亡。这次事件是由二氧化硫与金属元素、金属化合物相互作用所致，当时大气中二氧化硫浓度高达$1.4\sim5.7mg/m^3$，并发现有尘粒。

——伦敦烟雾事件。1952年12月5—8日，素有"雾都"之称的英国伦敦，突然有许多人患起呼吸系统疾病，并有4000多人相继死亡。此后两个月内，又有8000多人死亡。这起事件原因是，当时大气中尘粒浓度高达$4.46\ mg/m^3$，是平时的10倍，二氧化硫浓度高达$3.8\ mg/m^3$，是平时的6倍。

——洛杉矶光化学烟雾事件。1936年在洛杉矶开采出石油后，刺激了当地汽车业的发展。至20世纪40年代初期，洛杉矶市已有250万辆汽车，每天消耗约1.6×10^7L汽油，但由于汽油汽化率低，每天有大量碳氢化合物排入大气中，受太阳光的作用，形成了浅蓝色的光化学烟雾，使这座本来风景优美、气候温和的滨海城市，成为"美国的雾城"。这种烟雾刺激人的眼、喉、鼻，引发眼病、喉头炎和头痛等症状，致使当地死亡率增高，同时，又使远在百里之外的柑橘减产，松树枯萎。

——水俣事件。日本一家生产氮肥的工厂从1908年起在日本九州南部水俣市建厂，该厂生产流程中产生的甲基汞化合物直接排入水俣湾。从1950年开始，先是发现"自杀猫"，后是有人生怪病，因医生无法确诊而称之为"水俣病"。经过多年调查才发现，此病是由于食用水俣湾的鱼而引起。水俣湾中排入的大量氯化汞和硫酸汞，在海底通过微生物的作用，变成毒性十分强烈的甲基汞，甲基汞在鱼的体内形成高浓度的积累，猫和人食用了这种被污染的鱼类就会中毒生病。

——富山事件。20世纪50年代日本三井金属矿业公司在富山平原的神

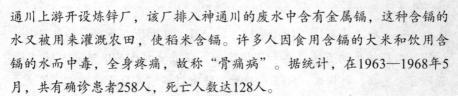

通川上游开设炼锌厂，该厂排入神通川的废水中含有金属镉，这种含镉的水又被用来灌溉农田，使稻米含镉。许多人因食用含镉的大米和饮用含镉的水而中毒，全身疼痛，故称"骨痛病"。据统计，在1963—1968年5月，共有确诊患者258人，死亡人数达128人。

——四日事件。20世纪五六十年代日本东部沿海四日市建设了多家石油化工厂，这些工厂排出的含二氧化硫、金属粉尘的废气，使许多居民患上哮喘等呼吸系统疾病而死亡。1967年，有些患者不堪忍受痛苦而自杀，到1970年，患者已达500多人。

——米糠油事件，1968年，日本九州爱知县一带在生产米糠油过程中，由于生产失误，米糠油中混入了多氯联苯，致使1400多人食用后中毒，一段时间后，中毒者猛增到5000余人，并有16人死亡。与此同时，用生产米糠油的副产品黑油做家禽饲料，又使数十万只鸡死亡。

由于公害事件不断发生，范围和规模不断扩大，越来越多的人感觉到自己是处在一种不安全、不健康的环境中，加上社会舆论的广泛宣传，公众环境意识的不断提高，人们已不再满足于单纯物质上的享受，进而开始渴望更高的有利于身心健康的生活环境和生活方式。于是，自20世纪60年代以来，先是在西方发达国家，千百人走上街头，游行、示威、抗议，要求政府采取有力措施治理和控制环境污染，逐渐掀起了一场世界性的声势浩大的群众性的反污染反公害的"环境运动"。

进入20世纪70年代以后，人们开始认识到：环境问题不仅包括污染问题，而且也包括生态问题和资源短缺问题等；环境问题并不仅仅是一个技术问题，也是一个重要的社会经济和政治问题。为了保护人们赖以生存的地球，使经济和社会健康发展，1972年6月5日，联合国人类环境会议在瑞典首都斯德哥尔摩召开。共有113个国家和一些国际机构的1300多名代表参加了会议。中国也派出了庞大的代表团出席了会议。出席会议的代表广泛研讨并总结了有关保护人类环境的理论和现实问题，制订了对策和措施，提出了"只有一个地球"的口号，并呼吁各国政府和人民为维护和改善人类环境，造福全体人民，造福子孙后代而共同努力。这是联合国史上首次研讨保护人类环境的会议，也是国际社会就环境问题召开的第一次世界性会议，标志着全人类对环境问题的觉醒，是世界环境保护史上第一个里程碑。这次会议对推动世界各国保护和改善人类环境发挥了重要作用和影响。为了纪念大会的召开，当年联合国大会作出决议，把6月5日定为"世界环境日"。

3．当代环境问题阶段

随着环境污染波及世界各国，以及世界范围内的生态破坏，20世纪80年代初环境问题进入了新的阶段，其中影响范围大，人类共同关心和危害严重的环境问题有以下三类：

① 全球性的大气污染，如"温室效应"、臭氧层破坏和酸雨；

② 大面积生态破坏，如大面积的森林被毁、草原退化、土壤侵蚀和沙漠化；

③ 突发性的严重污染事件频发，如1984年印度博帕尔农药泄漏事件，造成2000多人死亡；1986年4月苏联发生的切尔诺贝利核电站泄漏事件，事故导致近8万人死亡，13.4万人忍受核辐射病痛的折磨。

以上全球性大范围的环境问题，严重威胁着人类的生存和发展，无论是广大公众还是政府官员，也无论是发达国家还是发展中国家，都普遍对此表示不安。为此，1989年12月召开的联合国大会决定：1992年6月在巴西的里约热内卢举行一次环境问题的首脑会议，以纪念1972年联合国人类环境会议召开20周年，并"为发展中国家和工业化国家在相互需要和共同利益的基础上，奠定全球伙伴关系的基础，以确定地球的未来"，这是一次人类认识环境问题的又一个里程碑。

三、人与环境的协调发展

人和环境的关系是密不可分的。人类同一切生物一样，要从环境中获取生活所需要的一切，离开了环境，人类根本无法生存，更谈不上发展。所以，人类在利用自然和改造自然的同时，要时刻记着自己也是环境的一分子，自己的物质生活和精神生活与环境密不可分，并有机地结合在一起。自己的生命既来源于环境，自己的行为又在影响着环境。

1．人与周围的生活环境在不断地进行着物质和能量的交换

人类生活在地球的表面，这里提供了人类生活所需要的新鲜的空气、丰富的水源、肥沃的土地、充足的阳光、适宜的气候以及其他自然资源。同时，人体通过新陈代谢也在与周围环境进行着物质和能量的交换。据科学家们分析，地球表层存在有90多种元素，人体存在60多种，人体的这些元素都能在地壳中找到，且

7

含量与自然界的丰度极为相似，具有高度的统一性，证明了人体和自然界关系十分密切。

2. 人与环境要保持动态平衡

人一出生就要和环境打交道，就要不断地接触空气、阳光、水、声音、能量等，没有这些，人将无法生存。同时，人在生存繁衍过程中也在不断地影响和改造着环境。两者之间形成一种相互作用、相互协调、相互影响、相互依赖、相互制约的辩证统一关系。

空气、水、土壤和食物是人类与环境之间进行物质和能量交换的四大要素，这四大要素维持着人的生命，但如果环境污染造成某些化学物质突然升高或降低，就会破坏人与自然环境的和谐关系，破坏人体内原有的平衡状态，人体将会产生疾病。如果这种状态变化较小，没有超过环境的自我净化能力和人体的自我调节能力，人类与环境便可协调发展；如果外界变化较大，超过自然和人体自我调节能力，致使生态平衡失调，超过人体的忍受限度时，就可能会导致人体中毒、致病、致癌等。

四、环境保护的重要性

所谓环境保护，就是利用环境科学的理论和方法，协调人类与环境的关系，解决各类环境问题，保护和改善环境的一切人类活动的总称，其内容包括"保护自然环境"和"防治污染和其他公害"。为此，政府要采取行政的、法律的、经济的、科学的多方面的措施，合理利用自然资源，防止环境污染和破坏，以保持和发展生态平衡，保证人类社会健康发展。

当前，人类所面临的全球环境问题十分突出，温室效应、臭氧层空洞、酸雨、沙漠化、生态破坏等已经严重地威胁着人类的生存和发展，现在已经到了不能再忽略而应该好好反省并努力保护的时候了，保护环境，刻不容缓！

例如，据有关资料显示，太阳辐射的紫外线对生物有很强的杀伤力。幸运的是，距地球表面20～30km处有一个臭氧层，它能吸收太阳辐射出的99%的紫外线。然而在20世纪80年代，科学家从南极观测站发现臭氧层空洞，南极上空臭氧层遭到了破坏。据卫星观测，此洞的面积约为美国国土面积那么大，到了90年代末，南极上空臭氧层空洞面积达到了$2.72 \times 10^7 km^2$，比南极大陆还要大一倍。据中国、美国、英国等国家观测发现，北极上空臭氧层也减少了20%，青藏高原上空的臭氧也在以每10年2.7%的速度减少。科学家的研究发现，大气圈中臭氧层每减少1%，皮肤癌患者增加10万人，患白内障和呼吸道疾病的人也将增加，地球上的万物就要遭到紫外线的伤害。臭氧层遭到破坏的原因就是人类活动产生的氯氟烃类化合物排放破坏了臭氧层。

还有地球"温室效应"致使全球气温逐步升高。据资料记载，在过去的150年里，全球地表温度平均上升0.5℃，导致全球变暖。其主要原因是人类近一个世纪以来大量使用矿物质燃料，并排出大量的二氧化碳，再加上其他多种有害气体。全球变暖将使冰川消融，海平面上升，危害到了自然生态系统的平衡，更威胁到了人类的生存。

复习思考题

1．环境问题可分为二类：
①_____；
②_____。
2．简述历史上环境问题发展的三个阶段，从中你得到什么启示？
3．目前全球性的环境问题有哪些？你感触最深的是哪些？
4．根据自己居住的城市环境状况，分析城市化对环境的影响，谈谈你对城市化的看法。

本节实验安排

实验活动一　香烟危害趣味化学实验

一、实验目的

1．通过实验了解香烟中含有的有害气体，吸烟危害健康，养成不吸烟的好习惯。

2．香烟气体污染周围环境，培养自觉保护环境的意识。

二、实验原理

根据中学所学有关氧化还原反应等化学知识，对香烟气体中所含部分有毒有害气体物质的性质进行实验。

三、实验步骤

1．香烟气体中还原性气体的鉴定。吸一大口烟含在口中（注意不要咽下去），然后用塑料吸管吹入装在试管中的2～3mL酸化的高锰酸钾溶液中，再连续按上述操作吸几口吹入溶液中，高锰酸钾的紫色会很快褪去。原因：香烟气中有许多具有强还原性的物质，如氨、挥发性N-亚硝胺、醇、醛、烟草生物碱、芳香族胺、链烯烃、酚、丙烯醛等物质。目前，已经鉴定出来的香烟气体中单体化学成分就达4200多种，科学家估计烟气中会含有四万多种物质。

2．香烟过滤嘴过滤的物质鉴定。将上述吸完烟的过滤嘴，放入少量水中浸泡，取浸出液适量加入试管中，然后再向试管中滴加酸性高锰酸钾溶液，高锰酸钾溶液也很快褪色。原因：过滤嘴上也过滤了部分还原性物质，使高锰酸钾溶液褪色。

3．烟灰的催化作用实验。

① 蔗糖溶化后，在蔗糖上面撒一点烟灰，蔗糖会立即燃烧起来，发出明亮的紫色火焰。

② 在盛有2～3mL 30%的过氧化氢溶液的试管中加入少量的烟灰，溶液中立即有大量小气泡产生，即过氧化氢分解产生了氧气。

上述①②现象产生的原因：烟灰中含有70多种金属元素和放射性元素，其中大部分为过渡元素，它们的化合物具有良好的催化作用，因而加快了反应速度。

实验活动二　制作水果电池实验

一、实验背景

电池，是人们生活中必不可少的东西。目前我国市场上每年大约销售70亿只电池；所使用的电池种类也越来越多，如铅酸蓄电池、碱锰干电池、碱性干电池和镍氢电池等。通常电池的使用过程中，重金属物质被封装在壳体内，不会对环境和人体造成危害。但当电池被废弃后，由于长期机械或腐蚀等作用，使得电池内重金属与酸碱等物质泄漏出来，将引起严重的环境污染问题。随着废电池产生量的逐年增加，废电池的环境污染问题日益突出。如何才能够生产出一种既实用又环保的电池成为我们必须思考的问题。我们能不能制作一些既没有污染，又有用途的绿色电池呢？水果电池就是一个不错的选择和尝试。该电池就是在水果里面插入化学活性不同的金属，通过导线构成闭合回路，由于水果里面有酸性电解质，可以形成一个原电池，这样就构成了一个水果电池。

二、实验目的

利用各种水果，做成水果电池，并探究水果的不同对水果电池产生电流大小的影响关系。

三、实验原理

电池需要利用两种金属，使其成为正极与负极，在它们之间则置有酸或碱液等导电性的物质，这些物质一般称为电解质。电解质可以游离出离子，一般说来，活泼金属接触到电解质，都会放出电子，成为带正电的离子，水果里面的酸和无机盐在这里充当了电解质。当活泼电极锌片→导线→电表（或小电珠）→导线→不活泼金属（如铜片或炭棒）构成回路（水果里面的电解质也可以导电，可以把它看成一段导线），就形成了原电池，产生了电流，如图1-3。水果电池的反应式如下：

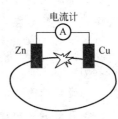

图1-3　原电池示意图

负极：$Zn(s) \rightarrow Zn^{2+}(aq) + 2e^-$

正极：$2H^+(aq) + 2e^- \rightarrow H_2(g)$

四、实验仪器和药品

仪器：电流表、导线、夹子、pH试纸、锌片、铜片或碳棒、铁砂布。

药品：不同的水果，如橘子、苹果等。

五、实验步骤

1．用铁砂布打磨实验使用的铜片与锌片电极。

2．将橘子、苹果等水果分别与铜片或炭棒、锌片、导线（带夹子）、电流表连成回路。

3．观察电流表指针偏转情况以及正负极分别与何种金属片相连，并记录。

4．分别观察使用不同水果时电流表的示数与指针偏转方向，并记录。

5．实验完毕，整理器材，恢复原位。

六、实验后思考

1．请你根据你组所做的实验数据，从不同的电极材料、不同的水果（水果的酸甜度不同）、电极插入水果的深度不同、两电极距离远近不同等几个方面加以总结，分析影响原电池电流强度的因素。

2．简述构成原电池的条件。

环境与我

地球的烦恼

地球诞生46亿年来，已经历了无数次灾难。大约6000万年前，一场罕见的陨石雨使地球上绝大多数生命消失了，包括令人震惊的庞然大物——恐龙。自那以后，地球又慢慢开始了它艰难的进化。经历过"天灾"的地球平平静静过了这么多年，没想到在人类高度文明的今天又遇到了"人祸"。更令地球"伤心"的是，人类原本是自己多年孕育的产物，又经过自己几百万年的哺育，才有了今天的文明，人类本应该反哺地球，善待地球，但没有想到今天人类却去污染、破坏它，你说地球怎么能不烦恼呢？

用致命的惩罚让人类明白这种不孝之举并不是地球的初衷。但上下几千年的循循诱导，偶尔发一两次脾气并未使"见利忘义"的人类清醒过来，或者即使一时醒悟却不能长久清醒下去，于是人类便拽着地球一步步走向死亡。在无可奈何之际，地球不得不采用了更为严厉的警告手段，那些公害事件就是其中的一部分。然而，被惊醒的仅仅是那么少许人，与庞大的人类相比实在太渺小了。于是，他们便和地球一起呐喊，用警钟唤醒昏聩的人类。

要让与人类有血肉之亲的地球抛弃多年的耐心，也就是人类的大祸来临之日。人类啊，你快醒醒，我们只有一个地球，我们是其所生，是其所养，难道我们忍心一同去死吗？

世界环境日的来历

1972年6月5—16日，在瑞典斯德哥尔摩举行的联合国人类环境会议上，各国建议联合国大会将人类环境会议开幕日——6月5日定为"世界环境日"。同年，第二十七届联合国大会接受并通过了这项建议。

世界环境日的意义在于提醒全世界注意全球环境状况的变化，以及人类活动对环境造成的危害，要求联合国系统和世界各国政府在每年的这一天开展各种活动，以强调保护和改善人类环境的重要性和迫切性。联合国环境规划署也将在每年的世界环境日发表环境状况的年度报告书，以及确定该年世界环境日的主题。如，1974年世界环境日的主题为"只有一个地球"，1988年的主题为"保护环境、持续发展、公众参与"，2019年的主题是"人类只有一个地球"，等。

在世界环境日那天,各国政府和人民都要举行各种形式的纪念活动,宣传环境保护的重要性。呼吁全体人民为维护、改善人类环境而不懈地努力。

未来地球会怎样

在过去的一个世纪中,地球生态系统及其所支撑的人类社会均经历了巨大的变化,未来也一定会发生显著变化:地球大气将会变暖,稀缺资源将会越来越稀缺,生物多样性将会减少,人口数量将会上升。这些变化必然会产生,但其程度和后果却很不确定,它可以随人类的行为政策减轻到最小,也可发展到人类难以想象的后果。

1. 更暖的气候

全球气候变暖已经不可避免,但我们可采取措施将其限制在可持续和可适应的范围内。一个世纪以来,与人类活动相关的温室气体排放,使地球大气温度升高近1℃,在未来还会变得更暖,但增温程度是不确定的。专家预计,如果森林砍伐和化石燃料燃烧以当前的速度持续增长,温室气体排放量将在2050年翻倍,由此将在21世纪产生超过8℃的温室效应增温幅度,并导致水平面上升1m或更高,两极地区及大陆气候变化将变得更为极端,地球生态系统面临的后果可能是灾难和毁灭性的,包括持续的干旱、粮食的减产与饥荒、沿海洪灾、病患率上升等。

人类可以减缓大气变暖的程度。我们可以通过提高能源利用效率、减少对化石燃料的依赖,以及增加风能、太阳能、生物能等可再生能源的使用等措施减缓并最终扭转地球变暖这一趋势。

人类可以通过适应来减轻全球变暖的后果。人们可以通过提高生态系统对气候的变化适应力。如在沿海地区,保护湿地和海岸线生态系统,可以将高发的风暴活动和洪水的影响降至最小;在干旱地区,节水型灌溉技术以及向耐旱作物的转变能维持水和粮食的供应。

2. 更稀缺的资源

一些自然资源将更加稀缺,但我们可以行动起来,加速转向更高效的以及可持续的替代资源的使用。如今,许多可再生与不可再生资源的供应都在减少,如水和石油。我们每天都在依赖水和石油这两种资源,但其重要性是不同的。水对我们的生理机能而言是绝对必需的,石油则不是;水是再生资源,而石油则不是。

有了更多的保护、更高的效率及更强的管理，我们能确保为后代留下充足的水资源。我们可以采取多种方法减少对水的需求。如，农业采取高效的灌溉系统、利用废水灌溉草坪、种植耐旱植物、留意漏水的装置与沐浴的时间等。

采用新技术能大大降低对石油的需求。今天，石油仍在地壳的某些区域缓慢形成，但我们提取石油的速度是其生成速度的数千倍。我们使用石油为汽车提供动力以及生产油漆、塑料等多种材料。未来若干年，由于发展中国家汽车数量的上升和其他依赖石油技术的发展，石油需求量可能进一步增加。

为了减少个人的石油用量，我们可乘坐公交，驾驶节能高效汽车，步行或骑车，以减少石油的用量。未来，石油开采量可能会减少，汽油的价格可能会上升，通过多种减少温室效应的措施，人类的幸福生活可得以维持。

3．更低的生物多样性

未来，我们可能会损失更多的地球生物多样性及其提供的生态系统，但我们可以采取行动减少这种损失。

过去一个世纪，动植物物种的灭绝速度一直在快速上升，并且在可预见的未来，可能会继续高于自然灭绝率。主要表现在动植物栖息地的破碎和消失，而非本土物种入侵、空气和水质污染、过度捕捞及全球变暖是造成生物多样性损失的主要原因，其影响后果会造成人类赖以生存的食物和药物的严重缺乏。

我们可以扭转全球生物多样性损失的趋势。现在，我们已经拥有足够的知识和资源来阻止生物多样性的损失。人们可以建立越来越多的公园和动植物保护区来保护濒危物种和生态系统，通过植树造林可以恢复退化或消失的生物环境。

4．更多的人和更大的生态足迹

未来，人口将会增加，但我们可以通过人口计划措施，限制人口增长，并减小生态足迹。

一个世纪以来，人口数量增长了6倍，现在达到了76亿。这一数字未来还会增长，预计到2050年，人口将超过90亿。

地球能撑起这么多人生存吗？在人口增长的同时，人们的生态足迹也在增长。所谓生态足迹是指提供给我们每个人使用的资源并能够吸收我们每个人产生的废物污染所需的地球表面的面积。根据一些计算，当前人类的生态足迹之和已经超过了地球的土地面积。因而，毋庸置疑，当前人口的增长和生态足迹的增长是不可持续的。

今天，富裕地区和贫困地区的人口增长率和生态足迹存在着巨大差异。在富裕地区的国家中，人口增长率低，生态足迹大；贫困地区国家中，人口增长率高，生态足迹相对较小。普通的美国和欧洲居民的生态足迹是贫穷国家居民生态足迹的5～10倍。而令人担忧的是，富裕国家的生态足迹还在持续增长。从维护人类生存考虑，限制生态足迹的增长对于富裕和贫困国家都很重要。虽然增大生态足迹是提高居民幸福的需要，但要维持在一定的比例限度内，才能可持续地发展。

人们可以通过监督自己的活动来降低个人需求以减少对地球生态系统的影响。如，我们可以用对环境影响更小的技术来代替对环境影响大的技术，用可再生能源来代替不可再生能源，通过资源的重复使用、循环使用来降低对资源和能源的需求，从而做到在不降低人类幸福的前提下维持生态的可持续性。

第二节
我国的环境问题及防治对策

一、我国环境保护的发展历程

在我国历史上，早期的环境问题主要是人类活动特别是农牧业生产活动引起的对森林、水源及动植物等自然资源和自然环境的破坏。我国虽然曾经在世界上GDP长期处于领先地位，但生产力较低，当时还少有环境污染和保护的意识。

在近代，西方国家兴起了工业化革命，城市化快速发展，科技的进步，使人民的生活水平大为提高。但由于清政府的闭关锁国政策，我国的经济和社会发展仍然相当落后，现代工业发展极为缓慢，因此环境污染并不明显（局部地区除外），主要的环境问题是生态破坏问题。在20世纪50年代以前，人们虽然对环境污染也采取过治理措施，并以法律、行政等手段限制污染物排放，但尚未明确提出环境保护的概念，更谈不上保护和改善环境。

20世纪50年代以后，西方一些发达国家出现了反污染运动，加之我国的工业也有了较快的发展，局部出现了污染问题，人们对环境保护概念也才有了一些初步的了解，但也只是认为环境污染是"三废"污染和噪声污染，环境保护目的是消除公害，保护人体健康不受损害。我国真正提出环境保护工作大体经历以下三个阶段。

1. 环境保护的起步阶段（1973—1978年）

1972年我国发生了多起环境污染事件：

——大连湾污染事件：涨潮一片黑水，退潮一片黑滩，因污染荒废的贝类滩涂5000多亩❶，每年损失海参1万多公斤，贝类10万多公斤，蚬子150多公斤。

——北京鱼污染事件：官厅水库的水受污染造成市场销售的鱼有异味。

——松花江水系污染：一些渔民食用江中含汞的鱼类、贝类，已出现水俣病（甲基汞中毒）症状。

上述污染事件，引起了国家的重视。同年，我国派代表参加在瑞典首都斯德哥尔摩召开的"联合国人类环境会议"。通过这次会议，高层深刻认识到中国也存在着严重的环境问题，并且环境问题对经济和社会发展有着重大的影响，需要认真对待。为此，揭开了中国环境保护事业的序幕。在这样的历史背景下，1973年8月国务院委托国家计委在北京召开了第一次全国环境保护工作会议，这次会议标志着中国环境保护事业的开端，会议通过了"全面规划、合理布局、综合利用、化害为利、依靠群众、大家动手、保护环境、造福人类"的32字环境保护方针和第一个环境保护文件《关于保护和改善环境的若干规定（试行草案）》。

1974年5月，国务院成立了环境保护领导小组及其办公室。之后，各省市、自治区、直辖市和国务院有关部委也都成立了相应的环境保护管理机构和环境科研、监测机构。

2. 环境保护的发展阶段（1979—1992年）

1979年9月，《中华人民共和国环境保护法（试行）》正式实施，环境保护工作走上了法制建设的轨道。

1983年12月，第二次全国环境保护工作会议召开，这次会议是我国环境保护

---

❶ 1亩=666.67m²，下同。

工作的一个转折点。会议明确环境保护作为我国今后长期坚持的一项基本战略国策；会议制定了环境保护工作的战略方针，即："经济建设、城乡建设和环境建设同步规划、同步实施、同步发展"的"三同步"原则以及实现"经济效益、社会效益和环境效益的统一"的"三统一"原则；会议确定了符合我国国情的"预防为主、防治结合、综合治理""谁污染谁治理""强化环境管理"三大环境保护政策。

1988年成立国家环境保护局，为国务院的直属事业机构。之后，各省、自治区和直辖市及各级地方机构也相继成立并健全环境保护机构，为环境保护事业提供了组织保证。

1989年4月，召开了第三次全国环境保护工作会议。本次会议明确提出今后建设项目的环境影响评价制度及"建设项目中防治污染的措施，必须与主体工程同时设计、同时施工、同时投产使用"的"三同时"制度，这两项制度从源头对防止新污染的产生起到了有力的制约作用；对于现有污染源实施"排污收费制度、排污申报登记制度、排污许可证制度、污染集中控制制度以及污染限期治理制度"这五项以管促治的制度；并将环境保护目标纳入各级政府的综合管理目标责任制，这对环保工作在政策制度上起到了保证作用。

本时期经过长期的改革、实践和探索，将环境保护作为国家的一项基本战略任务，确定了环境保护在社会主义建设中的重要地位，确立了一整套用以长期指导中国环境保护实践的环境管理政策、方针和制度体系，环境管理的总体框架已经基本确定，从理论到实践解决了环境保护"管什么"与"怎么管"的问题。

3. 环境保护的深化阶段（1992年至今）

1992年6月联合国在巴西里约热内卢召开了高规格的环境与发展首脑会议，我国派出了由总理率队的代表团出席。这次会议是1972年联合国人类环境会议之后举行的讨论世界环境与发展问题的最高级别的一次国际会议，这次会议不仅筹备时间最长，而且规模也最大，堪称是人类环境与发展史上影响深远的一次盛会。大会通过了《里约环境与发展宣言》和《21世纪议程》两个纲领性文件，签署了《气候变化框架公约》和《生物多样性公约》。这些文件充分体现了当今人类社会可持续发展的新思想，反映了关于环境与发展领域合作的全球共识和最高级别的政治承诺。

我国政府对《21世纪议程》的积极反应走在了世界各国的前列。世界环境与发展大会之后，为了履行承诺，把可持续发展战略应用于中国的建设实践，促进经济建设与环境保护的协调发展，我国制订了《中国环境问题十大对策》，提出了可持续发展的思想。接着，国务院组织各部门、机构和社会团体编制了《中国21世纪议程——中国21世纪人口、环境与发展白皮书》，该议程阐明了中国的可持续发展战略和对策，共设20章、78个方案领域，分为四大部分。第一部分涉及可持续发展总体战略，第二部分涉及社会可持续发展内容，第三部分涉及经济可持续发展内容，第四部分涉及资源与环境的合理利用与保护。国家正式确定了实施可持续发展战略，这充分反映了中国政府以强烈的历史使命感和责任感，去完成对国际社会应尽的义务和不懈地为全人类共同事业做出更大贡献的决心，赢得了国际社会的广泛关注和支持。

1996年7月，国务院召开了第四次全国环境保护工作会议，提出了跨世纪的环境保护目标、任务和措施，启动了"污染物排放问题控制计划"和"跨世纪绿色工程计划"，提出了环境保护实行"污染治理"和"生态保护"并重，环境保护进入了一个新的阶段。

1998年6月，经中共中央批准，成立了正部级的国家环境保护总局。2008年3月，成立了中华人民共和国环境保护部，为国务院的组成部门。随后，各级地方政府也都成立了相应级别的环境保护行政机构。2018年3月，环境保护部撤销，新成立中华人民共和国生态环境部，仍为国务院行政职能部门，增加了生态保护的管理职能。

在本阶段，中国政府把环境保护作为社会主义现代化建设的一项基本国策，将环境保护纳入国民经济和社会发展计划，环境保护与国家发展战略、宏观决策紧密结合在一起，使环境管理的各项目标更加明确、重点更加突出、任务更加具体，政策措施的可操作性越来越强。这对于我们做好环保工作，促进人与自然的和谐，都具有很重要的意义。

二、我国环境污染现状

我国存在的环境污染主要表现在：水资源短缺且污染严重；大气污染严重；土壤污染严重；固体废物污染严重。

1. 水资源短缺且污染严重

我国水资源短缺，在时空分布上十分不均衡，呈现南部水量多，北部水量少，相差悬殊；且年内水量分布不均匀，夏季多冬季少，导致我国许多地区出现不同程度的洪灾和旱灾，北方部分城市地下漏斗现象严重。水资源的这些分布特点严重影响了我国经济和社会的可持续发展。

水资源利用率低，浪费严重。我国农业灌溉设施落后，有效利用率低，只有50%左右；工业用水的重复利用率也较低，造成了水资源的巨大浪费。

水资源污染已经十分严重。随着城市规模的不断扩大，我国水资源呈现总体恶化趋势，从而影响水资源的可持续利用。根据《2014中国环境状况公报》，2014年全国202个地级及以上城市的地下水水质监测情况中，水质为优良级的监测点比例仅为10.8%，较差级的观测点占比达到45.4%。其特点是：城市区域污染源点多、面广、强度大，极易污染水资源，即使是发生局部污染，也会因水的流动性而使污染范围逐渐扩大。目前，我国工业、城市污水总的排放量中经过集中处理的占比不到一半，其余的大都直接排入江河，导致了大量的水资源出现恶化现象。个别地区湖泊富营养化问题突出，如，太湖已经完全处在富营养化状态，滇池富营养化也越来越严重，洞庭湖和洪泽湖水质较差。

2. 大气污染严重

我国大气污染状况也十分严重，主要呈现为城市大气环境中总悬浮颗粒物浓度普遍超标；二氧化硫污染保持在较高水平；机动车尾气污染物排放总量迅速增加；氮氧化物污染呈加重趋势；全国形成华中、西南、华东、华南多个酸雨区，以华中酸雨区为重。自2012年我国发生雾霾天气以来，雾霾范围不断扩大，雾霾时间延长，尤其是京津冀大范围雾霾圈的出现，使得国家这几年来不得不作为一项重点工作来处理。2014年1月4日，国家减灾办、民政部首次将危害健康的雾霾天气纳入2013年自然灾情进行通报。2014年2月，习近平在北京考察时指出："要加大大气污染治理力度，应对雾霾污染、改善空气质量的首要任务是控制$PM_{2.5}$，要从压减燃煤、严格控车、调整产业、强化管理、联防联控、依法治理等方面采取重大举措，聚焦重点领域，严格指标考核，加强环境执法监管，认真进行责任追究。"为治理雾霾指明了方向。

为防止雾霾频发，政府采取了多种措施，以特大城市和区域为重点，以细颗粒物（$PM_{2.5}$）和可吸入颗粒物（PM_{10}）治理为突破口，抓住产业结构、能源效率、尾气排放和扬尘等关键环节，如淘汰燃煤小锅炉、推进燃煤电厂脱硫改造、淘汰黄标车和老旧车、实行限时"封土计划"等各项措施，健全政府、企业、公众共同参与新机制，深入实施大气污染防治行动计划，取得了一定成效。

3. 土壤污染严重

土壤污染是工业化的副产品，它包括污水灌溉污染、酸雨污染、重金属污染、农药和有机物污染、放射性污染、病原菌污染等各种污染交叉形成的复合污染。据报道，全国受污染耕地1.5亿亩，占18亿亩耕地的8.3%，大部分为重金属污染。根据2013年12月公布的第二次全国土地调查结果，我国中重度污染耕地大体在5000万亩左右，这部分耕地已经不能种植粮食。受此类污染的重点区域多是过去经济发展比较快、工业比较发达的东中部地区，长三角、珠三角、东北老工业基地。其中，珠三角地区部分城市有近40%的农田菜地土壤重金属污染超标，其中10%属于严重超标。

产生我国土壤污染的途径较多。化肥的多年超量使用使土壤中硝酸盐含量大量积累，威胁着地下水及农副产品质量的安全；连年使用的地膜残留在土壤中难以降解；就连以往认为有益的有机肥也发生了质的变化，由于禽畜饲料中大量添加了铜、铁、锰、硒等微量元素以及抗生素、生长激素等，这些物质随禽畜粪便排出后作为有机肥进入农田，就会污染土壤。

土壤污染会带来严重的危害。土壤污染使农副产品质量不断下降，许多地方的粮食、蔬菜、水果等食物中的重金属含量超标或接近临界值。一些灌溉区的蔬菜出现难闻异味，一些被污染的耕地生产出了"镉米"。土壤污染通过食物链富集到人和动物身体中，危害健康，引发疾病。此外，土壤污染还会通过降水等逐渐转移到地下水中，造成地下水污染。

4. 固体废物污染严重

固体废物是指在社会生产、流通和消费等一系列活动中产生的，且对所有者来说已不再具有使用价值而被丢弃的固态或半固态物质。这些物质大量排放已成为当前非同小可的社会公害问题，如被称为"白色污染"的一次性快餐盒、塑料袋等废弃物，其降解周期需要上百年，焚烧则会产生有毒有害气体。

我国固体废物的来源主要有三个方面。一是工业固体废物，主要是工业生产和加工过程中排入环境的各种废渣、污泥、粉尘等，其中以废渣为主。工业固体废物数量大、种类多、成分复杂、处理困难，现在已经成为世界公认的突出的环境问题之一。二是废旧物质，这些废旧物质实质上也是一种可综合利用的资源。但我国废旧物质回收利用率低，只相当于世界先进水平的1/4，大量可再生资源尚未得到回收利用，流失严重，造成污染。三是城市生活垃圾，由于城市化的发展，我国的城市垃圾产生量增长很快，每年以10%左右的速度增加，但垃圾处理率低，近一半垃圾未经处理而任意堆放，造成大量的垃圾围城现象。

当前我国垃圾处理利用现状堪忧。我国传统垃圾销毁倾倒方式是一种"污染物转移"方式，国家现在已经在重视垃圾处理工作，而现有的垃圾处理场的数量和规模还远远不能适应城市垃圾增长的需求，大部分垃圾呈露天集中堆放状态，对环境的即时和潜在危害很大，污染事故频出，污染问题日趋严重，急待改善。

三、我国环境污染的原因及其特点

1. 我国产生环境污染的原因

① 环境意识淡薄，对可持续发展战略认识不足。一些地方未能真正树立科学发展观，将发展认为是单纯的经济增长而忽视保护环境，以牺牲环境为代价换来经济的不可持续增长。

② 粗放型经济，资源能源利用不合理是产生污染的根源。长期以来，我国的经济增长过度依赖能源资源消耗，资源能源利用率低，污染排放强度大。据统计，我国单位产出的能耗和资源消耗水平明显高于国际化水平，工业单位万元产值用水量是国外先进水平的10倍，这对于我国这样的人口多、人均资源少、环境容量小、生态脆弱的基本国情来说，矛盾尖锐。

③ 污染防治的资金量投入相对不足。近些年虽然在环境污染防治上投入大量资金，但还不能适应经济发展和增长的需要，还需要加大资金投入力度。

④ 缺乏实用的治理技术。我国总体污染治理技术尤其在大气污染防治技术上远不如发达国家，比较薄弱的还有清洁煤技术，冶金、化工、建材等行业的污染物排放治理技术也欠缺，这些也使我国污染治理的难度增加。

⑤ 环境监督管理的执法力度不够。尽管我国目前的环境保护法律法规健全，但环境执法不到位的现象十分严重。

2. 我国环境污染的特点

我国的环境污染具有以下特点：

① 污染范围广。从环境污染的地域来看，已经从经济发达的东部地区和南部地区向中西部地区和北部地区迅速蔓延至全国。随着西部大开发的力度加强，低端产业向中西部转移，在经济快速增长的同时，环境污染问题也凸显出来。昔日清澈见底的一条条小溪变成臭水沟，已不再是东部发达地区的现象。从环境污染的空间分布看，从天空到海洋，从陆地到河流，从地表到地下，无论是空气、水源还是土壤，都广泛地被严重污染。

② 污染程度高。从水源污染看：我国人均水资源只占世界平均水平的1/4，

水资源本就匮乏，2/3为地表水。《2018中国生态环境状况公报》显示，全国地表水监测的1935个水质断面中，Ⅳ类及Ⅳ类以下的比例接近30%；全国10168个国家级地下水水质监测点中，Ⅳ类及Ⅴ类占比超过85%。且相较西方发达国家，我国水体污染更是主要以重金属和有机物等严重污染为主。从土壤污染看：2014年《全国土壤污染状况调查公报》显示，全国土壤总的超标率为16.1%，其中轻微、轻度、中度和重度污染点位比例分别为11.2%、2.3%、1.5%和1.1%。污染类型以无机型为主，有机型次之，复合型污染比重较小，无机污染物超标点位数占全部超标点位的82.8%。从空气污染看：大气污染状况十分严重，主要呈现为城市大气环境中总悬浮颗粒物浓度普遍超标；二氧化硫污染保持在较高水平；机动车尾气污染物排放总量迅速增加；氮氧化物污染呈加重趋势；全国形成华中、西南、华东、华南多个酸雨区，以华中酸雨区为重；雾霾数量及天数增多，范围增大，尤以京津冀最为严重。

四、我国环境保护的对策

目前，我国的环境污染已经呈现出"复合型、压缩型"特点，发达国家在工业化中后期出现的污染公害已在我国普遍出现，我国已没有继续支持目前经济增长方式的环境容量。因此，必须切实做好环保工作，保持环境与经济和社会协调发展。

① 高度重视环境保护，真正落实环境保护的国策战略地位。良好的环境是人民生活水平、生活标准的一个衡量尺度，美好的生活环境与经济发展的目标是相一致的。政府应当重视环保、支持环保，为环境保护提供必要的政策保障和物质保障。环境保护是一项社会事业，需要全社会的关心和支持，只有将环境保护作为全民意识培养并强化起来，环境保护的步子才能加大，才能跟得上经济和社会发展的步伐。

② 协调好环境保护与经济发展的关系。环境保护和经济发展是相互融合、紧密相连的。一个国家的经济水平制约着环境保护事业的发展，而环境保护也同样促进或制约经济发展。要走可持续发展的道路促进经济持续增长，而不是以牺牲环境为代价换取经济增长。要发展绿色经济，促进资源能源节约和环境保护。

③ 加强环境保护执法力度。政府要支持环境保护部门开展工作，环保部门要切实负起责任，勇于执法，善于执法，还人民群众一个碧水蓝天。

复习思考题

1．目前中国的环境问题有哪些？

2．我国的环境保护"三同时"制度和"三同步""三统一"原则都是什么内容？

3．当前，我国大气污染严重，消除产生的雾霾是当前国家政府的一项重大任务，谈谈你对如何消除雾霾的良策。

本节实验安排

实验活动一　利用废铁屑制取绿矾

一、实验目的

1．学会通过化学反应制备绿矾，了解无机物制备的最佳反应条件、操作方法。

2．培养对废旧物质进行综合利用的环境保护意识。

二、实验原理

绿矾（$FeSO_4 \cdot 7H_2O$）是一种实用价值很高的硫酸盐。本实验可利用从工厂车床刨出的废铁屑与硫酸反应制绿矾，不仅具有较高的经济价值，通过实验还能增强学生综合利用废旧物品的环境保护意识。本实验的反应原理是铁和硫酸在水浴加热下反应，冷却热的硫酸亚铁溶液，使硫酸亚铁析出并过滤和洗涤晶体。

$$Fe+H_2SO_4 =\!\!= FeSO_4+H_2\uparrow$$

三、实验仪器和药品

仪器：烧杯（100mL、200mL各两个）、量筒、漏斗、胶头滴管、玻璃棒、温度计、酒精灯、铁架台、铁圈、石棉网、滤纸、蒸发皿、电子天平。

药品：废铁屑、30%硫酸、饱和碳酸钠溶液、蒸馏水、乙醇。

四、实验步骤

1．取10g废铁屑于100mL烧杯中，加10mL饱和碳酸钠溶液，微热除去铁表面的油污，倾斜法倒去碱液，用蒸馏水洗涤3次除尽碳酸钠。

2．往烧杯加入50mL 30%硫酸，使铁粉与稀硫酸充分反应（图1-4），并不断用玻璃棒轻轻搅动，反应过程中产生大量气泡，待气泡停止产生时，反应结束；热过滤（图1-5）得到硫酸亚铁溶液。

3．将硫酸亚铁溶液放在蒸发皿中蒸发浓缩（图1-6），为了防止亚铁离子氧化，可在溶液中加入少量的洁净无锈的铁屑。蒸发到液体表面有黏膜出现时，停止加热，放置冷却，让硫酸亚铁自行结晶析出；倾泻母液，即得到粗品。

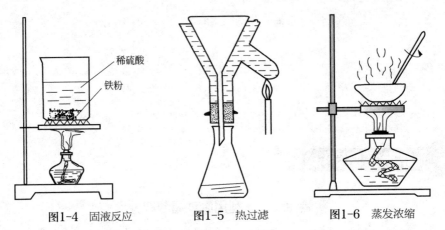

稀硫酸

铁粉

图1-4　固液反应　　　　图1-5　热过滤　　　　图1-6　蒸发浓缩

4．晾干，或用胶头滴管取少量乙醇洗涤晶体，滤纸吸干硫酸亚铁粗品，放在电子天平上称量。

5．计算产率。

五、实验说明

1．铁屑与硫酸反应所制得的粗制硫酸亚铁溶液，因含有杂质，常呈浑浊黏稠状，要趁热过滤，否则冷却后较难过滤。

2．硫酸亚铁在空气中易被氧化，所以硫酸亚铁晶体必须放在瓶内密封保存。

实验活动二　深圳市红树林鸟类与环境实验活动

一、实验背景

我们生活的地球，正在承受着人类对它施加的各种压力而不堪重负，我们生活的环境越来越恶化，保护环境已经成为全人类的共识。而鸟类是最常见，也是与人类关系最密切的动物，它优美婉转动听的鸣叫，以及鲜艳的羽毛，赢得了人们的喜爱，给大自然增添了无穷的乐趣和生机。而鸟类又是环境质量的监测员，是环境的净化使者。因此，观鸟活动也是一个向大自然学习的过程；通过观鸟，学会与一切生灵平等，保护动物、保护生态平衡；学会与大自然和谐相处，从而使环境保护成为自己的自觉行动。

二、实验目的

1．通过对鸟类活动的观察记录，培养自己与鸟类的感情，唤醒自己保护自然生态的意识。

2．通过活动培养自己社会实践活动的能力。

3．通过活动，养成对鸟类生活湿地环境保护的意识。

三、实验步骤

1．观鸟规则

在任课老师带领下分组进行集体活动；观鸟时，如遇见鸟类在窝内育雏或筑巢，要远观察，不可近看，以免惊扰鸟类的正常生活，并且不要大声喧哗；不给鸟类喂食，以免破坏鸟类的食物链平衡；不要在鸟类栖息地随便采摘果实、捡拾底栖小动物，因为这些都是鸟类的食物；拍摄鸟类时，应尽量避免使用闪光灯，以免惊扰它们；尽量不要穿戴鲜艳的衣物、饰品。

2．观鸟前的准备

笔和笔记本、鸟类图、望远镜、胶鞋、雨具、防蚊虫叮咬的药水。

3．观鸟活动记录

可以设计一张表格，记录中可包括以下项目：编号、观察地点、观察日期、记录者、观察者、天气状况描述、活动环境与活动路线、观察到鸟类的种类及只数等具体情况记录。

4．活动结束后，按老师要求撰写《深圳市红树林观察鸟类与周围环境活动报告》论文。

附：深圳红树林鸟类保护区简介

红树林自然保护区位于深圳湾畔，是我国面积最小的国家级自然保护区。红树林是以红树科植物为主组成的海洋木本植物群落，因树干呈淡红色而得名。这里自然生长的植物有海漆、木榄、秋茄等珍稀树种。这里也是国家级的鸟类保护区，是东半球候鸟迁徙的栖息地和中途歇脚点。据统计，这里最多时曾有180种鸟类，其中的20多种属于国际、国内重点保护的珍稀品种。自然保护区内地势平坦、开阔，有沼泽、浅水和林木等多种自然景观，在此可观赏到落霞与千鸟齐飞、静水共长天一色的自然美景。红树林自然保护区已被"国际保护自然与自然资源联盟"列为国际重要保护组成单位之一，同时也是我国"人与生物圈"网络组成单位之一。

近年来，红树林湿地面积大幅度减少，20年间减少了50%。主要原因有以下几点：一是由于湿地附近开发房地产、修建工厂、道路以及围垦养殖等原因，不断减少红树林湿地面积，而现在这种威胁依然存在；二是水污染严重对湿地生态的破坏，由于受到工业废水和生活污水影响，深圳湾红树林滩涂处于中度以上污染状态，已经严重影响到底栖生物和鸟类的生存，同时红树林内的铜等重金属含量均超出国家海洋水质V类标准；三是近年来沿海湾开发的房地产项目不断增多，其中很多都是50m以上的高层建筑，如福荣路一带高楼林立，已经迫使上沙、下沙一带的群鸟活动区域不得不移至车公庙、滨海生态公园一带，有关专家担心由于高楼的不断增多，影响鸟类盘旋空间，特别是千只鸟类以上群飞，其飞行半径和空间盘旋将受到严重限制而使深圳湾福田段的鸟群减少甚至消失；四是由于建筑码头和人为活动过多，干扰了鸟类活动，特别担心陆生植被被破坏而引起红树林害虫失去天敌等情况发生。

以上情况，已经引起深圳市委市政府对红树林湿地及鸟类保护的重视，广东省对此也特别重视，并立法进行保护，开全国先河。

羊肉串——香味诱人的杀手

每到傍晚，在路边小巷你常常可以看到烟雾缭绕的烤羊肉串小贩，呛人的烟味中夹杂着诱人的羊肉香味？你忍不住吃一串，再吃一串，第三串下肚，四、五……还想吃。这种情形是否与电影里的那个西部小镇很相似？旷野低垂，暮色四溢，在辽阔的大地上，只有一条小街细细地延伸，粗犷豪迈的西北汉子在缭绕的烤肉的烟气里大声地吆喝着，烟味与肉味一起飘升，迅速地消失在晴空万里的天际。但是，现在已不是过去的情形。随着城市化的发展，现在的大街已经找不到那样空旷的大地了，密集生长的楼群里，狭窄的巷子边，再也没有那么宽敞的空间可以这样豪迈地烧烤羊肉串了。容纳这些炊烟的，不再是巨大无比的天空，而是我们密集住宅小区里每个居民脆弱的肺！

街摊的烤羊肉串之危险有以下几个：首先，大街旁的小贩操作简便，缺乏卫生管理，特别是肉的质量得不到保障；其次，火烤油熏的过程中，会产生数百种污染物质，其中一种叫做苯并[a]芘的坏家伙，它是一种强致癌剂，这家伙在油脂滴落到炭火上燃烧冒烟时"生育"能力特别强，它们被"生"下来后，随浓烟四处飘荡，当你品尝羊肉串时，它便开始在你体内生下根了。据说世界上最有名的胃癌高发区最爱吃自己熏烤的肉食品，后来，吃厂家用先进工艺生产的熏烤食品，胃癌发病率果然降低不少。其实，《中华人民共和国食品安全法》早就有规定熏制食品中的苯并［a］芘含量不得超过十亿分之五，正规的厂商在生产过程中都要采取多种措施来降低有害物质的含量，可在街头巷尾的小贩可不受这个限制，卫生部门的检测结果表明，街头巷尾的羊肉串中的苯并［a］芘含量通常超标10倍乃至数百倍，而且街头烧烤往往使整个街道乌烟瘴气，现在这种情形已经得到很大改观。

你还愿意经常去街头巷尾吃羊肉串吗？

环保行为规范50条

1. 节水为荣——随时关上水龙头，别让其空流

2. 监护水源——保护水源就是保护生命

3. 一水多用——水的重复使用

4. 阻止滴漏——检查维修水龙头

5. 慎用清洗剂——尽量用肥皂，减少水污染

6. 关心大气质量——别忘记你时刻都在呼吸

7. 随手关灯——省一度电

8. 节约使用电器——为减缓地球变暖出一把力

9. 少用空调——降低能源消耗

10. 支持绿色照明——人人都用节能灯

11. 利用可再生资源——别等到资源耗尽的那一天

12. 做"公交族"——以乘坐公交车为荣

13. 当"自行车英雄"——保护大气，始于足下

14. 减少尾气排放——开车人的责任

15. 用无铅汽油——开车人的选择

16. 珍惜纸张——就是珍惜森林与河流

17. 使用再生纸——减少森林砍伐

18. 替代贺年卡——减轻地球负担

19. 节粮新时尚——让节俭变为荣耀

20. 控制噪声污染——让我们互相监督

21. 维护安宁环境——让我们从自己做起

22．认识"环境标志"——选购绿色食品

23．使用无氟产品——保护臭氧层

24．选无磷洗衣粉——保护江河湖泊

25．买环保电池——防止汞镉污染

26．选绿色包装——减少垃圾灾难

27．认识绿色食品标志——保障自身健康

28．买无公害食品——维护生态环境

29．少用一次性制品——节约地球资源

30．自备购物袋——少用塑料袋

31．自备餐盒——减少白色污染

32．少用一次性筷子——别让森林变木屑

33．旧物巧利用——让有限的资源延长寿命

34．交流捐赠多余物品——闲置浪费，捐赠光荣

35．回收废旧塑料——开发第二"油田"

36．回收废电池——防止悲剧重演

37．回收废纸——再造林木资源

38．回收生物垃圾——再生绿色肥料

39．回收各种废弃物——所有的垃圾都能变成资源

40．推动垃圾分类回收——举手之劳战胜垃圾公害

41．拒食野生动物——改变不良饮食习惯

42．拒用野生动植物制品——别让濒危生命死在你手上

43．不猎捕和饲养野生动物——保护脆弱的生物链

44．制止偷猎和买卖野生动物的行为——行使你神圣的权力

45．做动物的朋友——善待生命，与万物共存

46．不买珍稀木材用具——别摧毁热带雨林

47．领养小树——做绿林卫士

48．植树造林——与荒漠化抗争

49．无污染旅游——除了脚印，什么也别留下

50．做环保志愿者——拯救地球，人人有责

第二章 全球突出的环境问题

本章主要介绍了温室效应的机理及其来源，温室效应对全球环境的影响，应对全球气候变暖的策略；酸雨形成的原因及其机理，酸雨的危害及其防治措施；大气层中臭氧层的消耗机理及破坏的原因，臭氧层的破坏对全球的危害以及防治对策；海洋资源及开发利用现状，海洋污染及其保护等。

第一节
温室效应

气候变化是一个最典型的全球环境问题。20世纪70年代，科学家把气候变暖作为一个全球环境问题提了出来。80年代，随着对人类活动和全球气候关系认识的深化，以及几百年来最热天气的出现，这一问题引起了全世界各国的关注，成为全球的环境问题，也成为国际政治和外交议题。

一、温室效应的形成机理

大气中天然存在的水蒸气、二氧化碳、甲烷等微量气体成分，一方面能让太阳光通过，加热地球表面；另一方面，却能吸收由地球表面反向射回宇宙空间的远红外线，从而对大气起到加热作用，维持地球气温处于一定水平，这种现象称为温室效应（图2-1）。温室效应能帮助地球维持温暖而稳定的环境，使生命得以生存和繁荣。如果没有这些温室气体，大气将比目前的温度低30℃以上，地球上的许

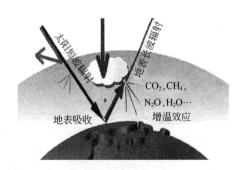

图 2-1　温室效应示意图

多生态系统将不复存在。由此可见，温室气体对全球温度起着重要作用。

　　从长期来看，地球从太阳吸收的能量必须同地球及大气层向外散发的辐射能相平衡。大气中的水蒸气、二氧化碳和其他微量气体，如甲烷、臭氧、氟利昂等，可以使太阳的短波辐射几乎无衰减地通过，但却可以吸收地球的长波辐射。因此，这类气体有类似温室的效应，被称为"温室气体"。温室气体吸收长波辐射并再反射回地球，从而减少向外层空间的能量排放，大气层和地球表面将变得热起来，地球"温室效应"就产生了。大气中能产生温室效应的气体已经发现近30种，其中二氧化碳起重要的作用，甲烷、氟利昂和氧化亚氮也起相当重要的作用（见表2-1，几种主要温室气体浓度及其增长情况）。

表2-1　几种主要温室气体浓度及其增长情况

气体	大气中浓度/（mg/m³）	年增长/%	生存期/年	温室效应（$CO_2=1$）	现有贡献率/%	主要来源
CO_2	697	0.4	50～200	1	55	煤、石油、天然气、森林砍伐
CFC	0.0046	2.2	50～102	3400～15000	24	发泡剂、气溶胶、制冷剂、清洗剂
CH_4	1.22	0.8	12~17	11	15	湿地、稻田、化石、燃料、牲畜
NO_x	0.64	0.25	120	270	6	化石燃料、化肥、森林砍伐

注：引自全球环境基金（GEF）：Valuing the Global Environment,1998

　　从长期气候数据比较来看，地球气温和二氧化碳之间存在显著的相关关系（见图2-2，大气中二氧化碳浓度和气温及海平面变化关系）。目前国际社会所讨论的气候变化问题，主要是指温室气体增加产生的气候变暖问题。

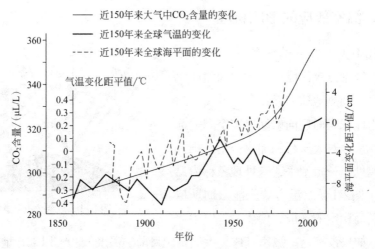

图2-2　大气中二氧化碳浓度和气温及海平面变化关系

二、温室气体及其来源

温室气体是大气中那些吸收和重新放出红外辐射的自然和人为的气体成分。作为全球气候变暖因素的温室气体有二氧化碳、甲烷、一氧化二氮、臭氧和氯氟烃等。温室气体占大气层不足1%，虽然含量甚微，但其微小的变化对环境的影响却非常重大。

温室气体增加主要来源于人类生活和工业发展所排放的大量气体。其中，二氧化碳主要来源于化石燃料的大量开发使用及工业企业的废气排放；甲烷主要来源于生物质的腐败、工业和生活废水发酵、畜禽粪便发酵等；一氧化二氮主要是生产硝酸的企业产生；卤氟烃主要是制冷行业废气排放和空调、冰箱等家电在使用过程中产生。

在地球的长期演化过程中，大气中温室气体的变化是很缓慢的，处于一种循环过程。碳循环就是一个非常重要的化学元素的自然循环过程，大气和陆生植被，大气和海洋表层植物及浮游生物每时每刻都在发生着碳交换。从天然森林来看，二氧化碳的吸收和排放基本是平衡的。但是，人类活动极大地改变了土地利用形态，特别是工业革命后，大量森林植被迅速被砍伐，化石燃料使用量也以惊人的速度增长，人为的温室气体排放量不断增加。

从全球来看，1975—1995年的20年内，能源生产就增长了50%，二氧化碳排放量相应有了巨大增长（见图2-3）。

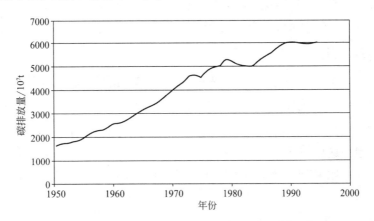

图 2-3　1950—1995 年全世界化石燃料燃烧产生的碳排放量

迄今为止，发达国家仍消耗了全世界所生产的大部分化石燃料，其二氧化碳累积排放量达到了惊人的水平，如到20世纪90年代初，美国累积排放量达到近1700亿吨，欧盟达到近1200亿吨，苏联达到近1100亿吨。随着世界经济格局的改变，包括中国在内的一些发展中国家的能源消耗和二氧化碳的排放总量也在迅速增长（图2-4）。目前，中国的二氧化碳排放量已位居世界第一，但从人均排放量和累计排放量而言，还远远低于发达国家（图2-5）。

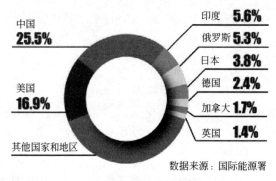

图 2-4　2011 年世界主要国家 CO_2 排放量占比

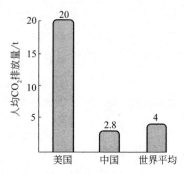

图 2-5　人均 CO_2 排放比较

三、温室效应对全球环境的影响

近年来，世界各国出现了几百年来历史上最热的天气，厄尔尼诺现象也频繁发生，给各国造成了巨大的经济损失。发展中国家抗灾能力弱，受害最为严重，发达国家也未能幸免于难，1993年美国一场飓风就造成400亿美元的损失，1995年芝加哥的热浪引起500多人死亡。这些情况显示出人类对气候变化，特别是气候变暖所导致的气象灾害的适应能力是相当弱的，需要采取行动防范。按现在的一些发展趋势，科学家预测有可能出现的影响和危害有：

1. 海平面上升

全世界大约有1/3的人口生活在沿海岸线60km的范围内，经济发达，城市密集。全球气候变暖导致的海洋水体膨胀和两极冰雪融化，可能在2100年使海平面上升50cm，危及全球沿海地区，特别是那些人口稠密、经济发达的河口和沿海低地。这些地区可能会遭受淹没或海水入侵，海滩和海岸遭受侵蚀，土地恶化，海水倒灌和洪水加剧，带来一系列的政治、经济影响并直接导致移民问题。

2. 影响农业和自然生态系统

随着二氧化碳浓度增加和气候变暖，对农业生产有正面和负面双重影响。正面影响：二氧化碳浓度增加后，会增加植物的光合作用，延长生长季节，使世界一些地区更加适合农业耕作。负面影响：全球气温和降雨形态的迅速变化，也可能使世界许多地区的农业和自然生态系统无法适应或不能很快适应这种变化，使其遭受很大的破坏性影响，造成大范围的森林植被破坏和农业灾害。

3. 加剧洪涝、干旱及其他气象灾害

气候变暖导致的气候灾害增多可能是一个更为突出的问题。全球平均气温略有上升，就可能带来频繁的气候灾害——过多的降雨、大范围的干旱和持续的高温，造成大规模的灾害损失。有的科学家根据气候变化的历史数据，推测气候变暖可能破坏海洋环流，引发新的冰河期，给高纬度地区造成可怕的气候灾难。

4. 影响对生态平衡

生态系统和物种都会随着环境的变化而演化，但该过程非常缓慢。如果环境急变，物种来不及变异和适应，就可能被淘汰。气候变暖，气候带迁移，植物带就会重新分布，南方的植物就会向北方延伸，依赖其生存的动物就会灭绝，生态平衡将被打破。

5. 影响人类健康

气候变暖有可能加大疾病危险和死亡率，增加传染病。高温会给人类的循环系统增加负担，热浪会引起死亡率的增加。由昆虫传播的疟疾及其他传染病与温度有很大的关系，随着温度升高，可能使许多国家疟疾、淋巴丝虫病、血吸虫病、黑热病、登革热、脑炎增加或再次发生。在高纬度地区，这些疾病传播的危险性可能会更大。

四、应对全球气候变暖的策略

1. 通过技术手段，减少目前大气中二氧化碳、甲烷等温室气体的含量

地球上可以大量吸收二氧化碳气体的是陆地上的森林及海洋中的浮游生物，其中以热带雨林吸收最为明显。为减少目前大气中过多的二氧化碳，最切实可行的措施是广泛植树造林、增加绿化面积；其次是保护好海洋生物，防止海洋污染以保护浮游生物的生存；再次，我们每个人都要从点滴做起，如节约纸张、不破坏植被、减少一次性木筷等来保护陆地植物，使它们多吸收二氧化碳，以减缓温室效应。

2. 科学预测，积极应对未来气候变化

全球变暖将给地球和人类带来复杂的潜在影响，其中既有正面的，也有负

面的。例如随着温度的升高，较高的二氧化碳浓度能够促进光合作用，导致植物生长的增加，即二氧化碳的增产效应，这是全球变暖的正面影响。但是与正面影响相比，全球变暖对人类活动的负面影响将更为巨大和深远。科学家预测，由于气候变暖的影响，珠穆朗玛峰的顶峰下降了1.3m；海洋的水面上升，冰川局部地区的雪线正以年均2～2.6m的速度上升；暴风雨频率增加；威胁农业生长和人类健康等。因此，我们每个人要从自身做起，为缓解全球气候变暖而努力。个人的日常生活行为要有助于防止全球变暖，如不随意燃烧物品、减少个人汽车的使用次数、购物时携带购物袋等，要在日常生活中付诸实施。

3. 加强国际合作，消减二氧化碳、甲烷等温室气体的排放

地球气候变暖是各国面临的共同挑战，各国应该同舟共济，各尽所能地做出各自的努力。气候变暖的主要是过去一、二百年以来发达国家工业化无约束排放所造成的，发展中国家是受害者。1992年巴西里约热内卢世界环境与发展大会上，各国领导人共同签署的《气候变化框架公约》，要求发达国家向发展中国家提供资金、转让技术，以帮助发展中国家减少二氧化碳的排放量。1997年12月联合国在日本京都召开了全球气候大会，多国共同通过了《京都议定书》，该协议书规定，在2008—2012年期间，发达国家的温室气体排放量要在1990年的基础上平均消减5.2%，包括二氧化碳、甲烷等6种气体。《京都议定书》是人类有史以来通过控制自身行动以减少对气候变化影响的第一个国际文书。中国于1998年5月签署了该协议，并认真履行有关条款；作为世界上最大的能源消耗国，美国于1998年11月签署了该协议，但又于2001年3月单方退出该协议，作为生活在同一个地球上的国家，美国人口仅占全球人口的4%～5%，而排放的二氧化碳却超过全球排放量的15%。如何说服美国重新加入《京都议定书》是国际社会面临的困难任务，要实现议定书的目标也有许多艰难的任务要做。

复习思考题

1. 温室气体有哪些？
2. 人类的哪些活动造成大气温室气体增多？
3. 怎样才能减少大气中的温室气体，从而减缓地球的温室效应？

**本节实验安排**

实验活动一　二氧化碳温室效应实验

一、实验背景

温室效应，又称"花房效应"，是大气保温效应的俗称。大气能使太阳短波辐射到达地面，但地表受热后向外放出的大量长波热辐射线却被大气吸收，这样就使地表与低层大气所构成的空间类似于栽培农作物的温室，故名温室效应。人类诞生几百万年以来，一直和自然界相安无事，因为通过人类活动来破坏自然的能力很弱，最多只能引起局部小气候的改变。但是工业革命以后情况就不一样了，工业化大量燃烧煤和石油，向地球大气排放巨量的废气。这些废气就像被子一样，加强了大气层的保温效果，使地球平均温度有逐年上升的趋势，大气的温室效应也随之增强。地球大气中起温室作用的气体称为温室气体（主要有二氧化碳、甲烷、臭氧、一氧化二氮等）。本实验以二氧化碳为例做模拟实验，以证明人类活动过程大量排放废气的温室效应。

二、实验目的

1. 学习二氧化碳的制取。

2. 通过实验，用测定数据说明二氧化碳气体具有保温的作用，提高自己的环保意识，增强关注环境问题的自觉性。

三、实验仪器和药品

仪器：制取二氧化碳气体发生装置一套、烧杯、火柴、木条、玻璃片、量筒、镊子、铁架台（含铁夹）、金属电子数字热敏温度计2支、250mL集气瓶2个、阳光。

药品：1∶3稀盐酸，块状碳酸钙。

四、实验步骤

1. 二氧化碳气体的制取和收集（图2-6）

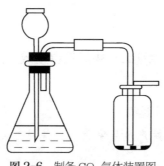

图2-6　制备 CO_2 气体装置图

① 取适量块状碳酸钙固体放入二氧化碳发生装置内,用带漏斗和玻璃管的双孔胶塞塞紧瓶口。

② 检查装置是否气密:双手紧压三角烧瓶,气体出口处放入水中有气泡冒出,说明装置密闭。

③ 把稀释的盐酸装入长颈漏斗,让稀盐酸缓缓加入三角烧瓶内并与碳酸钙发生反应,产生二氧化碳,产生的气体通过弯管在250mL集气瓶中收集,使集气瓶充满二氧化碳(用燃烧的木条检验二氧化碳气体是否充满)。

④ 把制取二氧化碳的装置移走。

写出化学反应方程式:_____。

2．温室效应的测定

① 将充满二氧化碳气体的集气瓶和另一集气瓶(充满的是空气)各分别插入一支金属电子数字热敏温度计,注意瓶口密封(图2-7)。

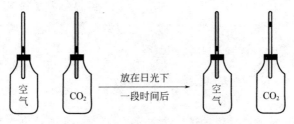

图2-7　CO_2温室效应实验示意图

② 将两个集气瓶同时放在阳光下,注意两个集气瓶所接收的阳光强度应相同,观察并记录两集气瓶温度计上显示的温度变化情况,测定时间为20min,每隔2min记录一次温度,数据填入表2-2中。

表2-2　CO_2温室效应实验数据记录表

时间/min		0	2	4	6	8	10	12	14	16	18	20	备注
温度/℃	空气												
	CO_2												

五、实验结果分析(从温度差异不同归纳、分析并得出结论)

实验活动二　甲烷的温室效应实验

一、实验目的

1．熟练掌握甲烷的制备过程。

2．通过实验,了解甲烷产生温室效应,并与二氧化碳产生温室效应的影响进行比较。

3．培养环保意识，提高解决问题能力。

二、实验仪器和药品

仪器：玻璃管、酒精灯、250mL集气瓶2个、试管、带双孔瓶塞、带单孔胶塞导管、水槽、温度计、铁架台等。

药品：醋酸钠（固体）、氢氧化钠（固体）、氧化钙（固体）。

三、实验装置图及说明

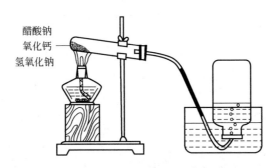

图2-8 甲烷气体制备装置

制取装置（图2-8）：由铁架台、试管、酒精灯、集气瓶（带玻璃片）、带单孔胶塞导管、水槽组成"制取甲烷"装置，其化学方程式：

$$CH_3COONa+NaOH \xrightarrow[\triangle]{CaO} CH_4\uparrow+Na_2CO_3$$

四、实验步骤

1．甲烷的制取和收集

① 按照图2-8连接好装置。

② 检查装置的气密性。

③ 装入药品。在硬质试管中装入足量干燥的醋酸钠（固体）、氢氧化钠（固体）、氧化钙（固体）混合物，塞紧带玻璃弯管的胶塞。

④ 加热混合物，用排水集气法收集满一集气瓶甲烷气体，小心地用插有金属电子数字热敏温度计的胶塞塞紧集气瓶。

2．温室效应的测定

① 将充满甲烷气体的集气瓶和另一集气瓶（充满的是空气）各分别插入一支金属电子数字热敏温度计，并将瓶口密封（图2-9）。

② 将两个集气瓶同时放在阳光下，注意两个集气瓶所接收的阳光强度应相同，观察并记录两集气瓶温度计上显示的温度变化情况，测定时间为20min，每隔2min记录一次温度，数据填入表2-3中。

图2-9　甲烷温室效应实验

表2-3　甲烷温室效应实验数据记录表

时间/s		0	2	4	6	8	10	12	14	16	18	20	备注
温度/℃	空气												
	CH₄												

3．整理仪器。

五、实验结果分析

根据实验活动以及本实验表中数据，比较甲烷的吸热能力和二氧化碳的吸热能力的强弱；我们通常所说地球大气层温室效应的气体是二氧化碳，为什么？

二氧化碳的是非功过

随着现代工业的发展，从工厂和汽车等排放出来的二氧化碳日益增多，这是目前地球上出现温室效应的最主要原因。因此，二氧化碳常被人看作是"废物"，甚至当作危险的"敌人"，其实二氧化碳对人类和其他生物作出了重大贡献。

地球在过去有更多的二氧化碳，它甚至是地球上大量物质的基础，在地球氧气很少、"碳气"很多的时代，地球上的物种缓慢而小心地维护着进化的进程。按照科学家的说法，如果地球上的大气缺乏二氧化碳作为后卫，那么太阳照射到地面上的温度，会迅速逃逸到太空之中。热量逃逸的后果就是天气变得比较冷，天气冷的后果就是万物的生长将不可能像现在这样郁郁葱葱。因此，今天地球生态系统与二氧化碳之间的关系，是一种微妙的互相平衡、互相利用的关系。

二氧化碳是绿色植物光合作用、生长必需的营养物质。叶子中的叶绿素在日光照射下都能完成一个很奇妙的变化，把叶子吸收的二氧化碳和根部输送来的水分转变为糖、淀粉以及氧气（光合作用）：

$$6CO_2+6H_2O \longrightarrow C_6H_{12}O_6+6O_2$$

实验证明，空气中二氧化碳浓度增大可以使农作物增产，因此二氧化碳有"气肥"之称。

二氧化碳更多的用处体现在人们的日常生活中。人的生活几乎每天都要用到二氧化碳，人像所有生物一样用身体进行了二氧化碳与氧气之间的交换，我们视野里的大气里夹杂着二氧化碳，我们喝的啤酒及饮料里，那些冒着气泡的家伙就是二氧化碳。因此，二氧化碳每天在世界上努力地为人们制造着商品，或商品的一部分。

二氧化碳可以贮藏粮食、水果、蔬菜，用二氧化碳贮藏的食品由于缺氧和二氧化碳本身的抑制作用，可有效地防止食品中细菌、霉菌、虫子生长，避免变质和有害健康的过氧化物产生，并能保鲜和维持食品原有的风味和营养成分。用二氧化碳保存不会造成谷物中药物残留和大气污染。

固态二氧化碳俗称干冰。它除了常被用于肉类等食物的冷冻保鲜外还用于人工降雨。当空气中含有大量水蒸气，却因缺少凝结核心而未能凝成雨滴时，用飞机将干冰撒向空中，由于干冰迅速汽化吸热，四周气温骤降结出许多小冰晶，水蒸气就能凝成水滴而下雨。

由于二氧化碳密度比空气大，不能燃烧也不能支持燃烧，因此可用于灭火。但有些活动性强的金属，例如镁条，点燃后放入二氧化碳里能够继续燃烧：

$$2Mg+CO_2 \longrightarrow 2MgO+C$$

因此，我们通常所说的二氧化碳不能支持燃烧是有条件的。

事情都具有两面性，有利必有弊，二氧化碳也有"过"，主要表现在以下方面。

一是影响人的呼吸。二氧化碳密度较空气大，当空气中二氧化碳少时对人体无危害，但其超过一定量时会影响人（其他生物也是）的呼吸，原因是血液中的碳酸浓度增大，酸性增强，并产生酸中毒。当空气中二氧化碳的体积分数为1%时，感到气闷，头昏，心悸；4%～5%时感到眩晕；6%以上时人会神志不清、呼吸循环衰竭，逐渐停止以致死亡。因此，人们下到深井之前要进行明火试验，因为二氧化碳不支持燃烧，明火若熄灭就表明可能二氧化碳浓度高。

二是造成温室效应。二氧化碳被认为是加剧温室效应的主要气体，近几十年来，由于人类消耗的能源急剧增加，森林遭到破坏，大气中二氧化碳的含量不断上升。二氧化碳就像温室的玻璃一样，它不影响太阳对地球表面的辐射，但却能阻碍由地面反射回高空的红外辐射，这就像给地球罩上了一层保温膜，使地球表面气温增高，平均气温上升而产生"温室效应"。因此，为了保护人类赖以生存的地球，人类应共同采取措施，防止温室效应进一步增强。

教你计算"碳足迹"

碳也有"足迹"？很多人第一次听说"碳足迹"这个词，着实要吃一惊，很拟人化的一个名词，却令人避之不及。这个魔鬼阴影，对地球的影响还真不小，现在就来听听环保专家李博士给大家讲讲"碳足迹"的含义。

我们每天的日常生活，比如开车、烧饭、上网、照明等，都会产生二氧化碳，就像我们走路会留下足迹一样，每个人每天在不断增多的温室气体中留下的痕迹，被形象地被称为"碳足迹"。"碳"就是石油、煤炭、木材等由碳元素构成的自然资源，"碳"耗用得越多，导致地球变暖的"二氧化碳"等温室气体也制造得越多。我们吐出的废气中的二氧化碳就是直接排碳，甚至我们打嗝、放屁也会排出温室气体。为了减少碳排放，我们需要倡导"低碳"生活。

李博士介绍说，一个人的碳足迹，可以分为第一碳足迹和第二碳足迹。第一碳足迹是因使用化石能源而直接排放的二氧化碳，比如一个经常坐飞机出行的人会有较多的第一碳足迹，因为飞机飞行会消耗大量燃油，排出大量二氧化碳。第二碳足迹是因使用各种产品而间接排放的二氧化碳，比如消费一瓶普通的瓶装水，会因它的生产和运输过程中产生碳排放量，从而带来第二碳足迹。

生活中一点一滴的碳排放量都可以量化为数字。如何计算单项的碳足迹呢？以下公式可以计算出你每一项运动背后的碳排放量：

家居用电的二氧化碳排放量（kg）=耗电度数×0.785

开车的二氧化碳排放量（kg）=油耗升数×2.7

乘坐飞机的二氧化碳排放量（kg）：

短途旅行（200 km以内）二氧化碳排放量（kg）=公里数×0.275

中途旅行（200～1000km）二氧化碳排放量（kg）=55+0.105×（公里数-200）

长途旅行（1000 km以上）二氧化碳排放量（kg）=公里数×0.139

按照一棵30年冷杉树吸收111kg二氧化碳来计算，需要种几棵树来补偿呢？

如果你乘飞机旅行2000 km，那么你就排放了278 kg的二氧化碳，为此你需要种植3棵树来抵消；如果你用了100kWh电，那么你就排放了78.5 kg二氧化碳，为此你需要种植1棵树；如果你自驾车消耗了100L汽油，那么你就排放了270kg二氧化碳，为此需要种植3棵树……

现在你知道了如何计算你生活的"碳足迹"了吧？为了地球的可持续发展，请你低碳生活吧！

第二节
酸雨

随着世界工业的发展，大气中又增添了一个新的家族，那就是——酸雨。在几十年前，酸雨还是个别国家和地区的局部问题，所以造成的危害也仅局限在个别国家和地区。随着工业发展和化石燃料的大量使用，排入大气的污染物越来越多，于是酸雨的危害向全世界蔓延。如今酸雨是世界普遍关注的环境公害之一，控制酸雨已成为人类走向可持续发展进程中必须解决的一个重大环境问题。

一、酸雨的概念及其分布

酸雨，顾名思义，就是酸性的雨，是指pH值小于5.6的雨雪或其他形式的降水。酸雨正式的名称为酸性沉降，它可分为"湿沉降"与"干沉降"两大类。前者指的是所有气状污染物或粒状污染物，随着雨、雪、雾或冰雹等降水形态而落到地面者；后者则是指在不下雨的日子，从空中降下来的落尘所带的酸性物质。酸雨主要是人为地向大气中排放大量酸性物质造成的，我国的酸雨主要是因大量燃烧含硫量高的煤而形成的，多为硫酸雨，少为硝酸雨（图2-10）。此外，各种机动车排放的尾气也是形成酸雨的重要原因。

酸雨的分布是随着区域工业化发展而形成的。20世纪六七十年代以来，随着世界经

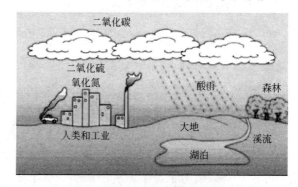

图2-10　酸雨的形成

济的发展和矿物燃料消耗量的逐步增加，矿物燃料燃烧中排放的二氧化硫、氮氧化物等大气污染物总量也不断增加。欧洲和北美洲东部工业化最快，也是世界上最早发生酸雨的地区，但亚洲和拉丁美洲有后来居上的趋势。酸雨在世界上出现及分布范围也在不断扩大，其污染可以发生在排放地500～2000km的范围内，酸雨的长距离传输还会造成不同国家之间的越境污染问题。

欧洲曾是世界上一大酸雨区，主要的排放源来自西北欧和中欧的一些国家。这些国家排出的二氧化硫有相当一部分传输到了其他国家，北欧国家降落的酸性沉降物一半来自欧洲大陆和英国。受影响严重的地区是工业化和人口密集的地区，其酸性沉降负荷高于欧洲极限负荷值的60%，其中中欧部分地区超过生态系统的极限承载水平。

美国和加拿大东部也是一大酸雨区。美国是世界上能源消费量最多的国家，消费了全世界近1/4的能源（美国人均耗能是我国的7倍），美国每年燃烧矿物燃料排出的二氧化硫和氮氧化物也占各国首位。

亚洲是二氧化硫排放量增长较快的地区，并主要集中在东亚。其中我国南方及长江中下游区域酸雨最重，成为世界上又一大酸雨区；大量检测数据表明，20世纪80年代，pH < 5.6的酸性降水主要分布在四川、贵州和广西的一些地方，降水年平均pH低于5.0；目前我国酸雨污染最严重的区域已向华东和华南地区转移，西南区域酸雨有所缓解。

我国酸雨呈现以城市为核心的多中心分布。城区降水酸度强，郊区弱，远离城市的广大农村则接近正常；在季节分布上，冬季降水酸度强而夏季较弱；在远离城市的山区和自然保护区，降水多数仍较清洁，亦未酸化。这些与欧洲、北美早期酸雨的状况比较相像。

二、酸雨的成因及机理

二氧化硫和氮氧化物是酸雨的主要成因，它们有自然和人为两个来源。比较纯净的雨水因溶有二氧化碳而其pH值约为5.6。大多数酸雨中的酸性物质最主要的是硫酸（约65%～70%），其次是硝酸（可占25%～30%）还有盐酸等极少量其他物质的酸。自然排放二氧化硫大约占大气中全部二氧化硫排放量的一半，但由于自然循环过程，自然排放的硫基本上是平衡的。人为排放的硫大部分来自贮存在煤炭、石油、天然气等化石燃料中的硫，在燃烧时以二氧化硫形态释放出来。据估测，当今大气中人为排放的二氧化硫有70%来源于工业燃煤，12%来源于工业燃油，其余则来源于生活燃煤等。随着化石燃料消费量的不断增长，全世界人为排放的二氧化硫的量也在不断增加（见图2-11），其排放源主要分布在北半球，产生了全部人为排放二氧化硫的90%。

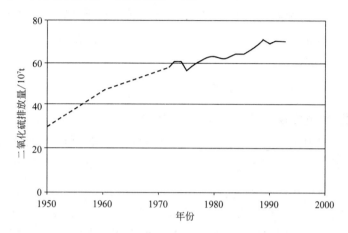

图2-11 世界化石燃料燃烧排放的二氧化硫（1950—1993年）

二氧化硫形成酸雨的机理如下：

① 含硫燃料燃烧生成二氧化硫：$S + O_2 \xrightarrow{\text{点燃}} SO_2$

② 二氧化硫和空气中的雨水作用生成亚硫酸：$SO_2 + H_2O == H_2SO_3$

③ 亚硫酸在空气中可氧化成硫酸：$2H_2SO_3 + O_2 \longrightarrow 2H_2SO_4$

氮氧化物也是形成酸雨的重要来源，而机动车排放和电站燃烧化石燃料差不多占氮氧化物人为排放量的75%，雷雨闪电时，大气中也常有少量的二氧化氮产生。氮氧化物形成酸雨的机理如下：

① 如闪电时氮气与氧气化合生成一氧化氮：$N_2 + O_2 \xrightarrow{\text{放电}} 2NO$

② 一氧化氮在空气中极易被氧化成二氧化氮：$2NO + O_2 == 2NO_2$

③ 二氧化氮和水作用生成硝酸：$3NO_2 + H_2O == 2HNO_3 + NO$

此外，还有其他酸性气体如氯化氢、氟化氢、硫化氢等也能溶于水导致酸雨。

三、酸雨的危害

1. 酸雨对人体健康的危害

酸雨对人类健康有着直接或间接的影响。首先酸雨中含有多种致癌因素，能破坏人体皮肤、黏膜和肺部组织，诱发哮喘等多种呼吸道疾病和癌症，降低儿童免疫力；其次，酸雨还会对人体健康产生间接影响，在酸沉降作用下土壤和饮用水水源被污染，其中一些重金属会在鱼类等动物体中富集，人类因食用而受害。据统计，欧洲一些国家每年因酸雨导致老人和儿童死亡的病例达千余人。美国国会调查表明美国和加拿大在1990年一年约有5200人因遭受酸雨污染而死亡。在墨西哥pH为3.4~4.9的酸雨并不罕见，据该国卫生部调查表明，墨西哥的呼吸系统疾病死亡率为世界最高。

2. 酸雨对农业生产的危害

酸雨对土壤及作物有直接的影响。酸雨降下时直接影响植物的叶片，同时土壤中的金属元素因被酸雨溶解，造成矿物质和土壤中的养分大量流失，进而使土壤酸化，肥力降低；有毒物质还毒害作物根系，杀死根毛，导致植物无法获得充足的养分而枯萎、死亡。

酸雨还能诱发植物病虫害，使作物减产。由于在土壤中生长着许多的细菌，如固氮菌等，这些细菌对植物的生长有着极为重要的作用；土壤被酸雨侵蚀后，土壤中的大多数细菌都将无法存活，严重影响作物的生长，使农业生态系统平衡受到破坏。

3. 酸雨对森林的危害

酸雨也会严重破坏森林植物。酸雨对森林植物表面的茎叶淋浴和冲洗，可直接或间接伤害植物，使森林衰亡，并诱发各种病虫灾害频繁发生，从而造成森林大片死亡。据西方通讯社报道，由于酸雨的危害，欧洲许多国家的森林正以惊人的速度死亡，尤其是德国西部的森林受害最为严重，全国约有50%的森林受到酸雨的破坏。加拿大被酸雨腐蚀的森林见图2-12。酸雨对中国森林的危害主要是在长江以南的省份。调查资料显示，截至2013年，四川盆地受酸雨危害的森林面积最大，约为28万公顷，约占林地面积的32%，贵州受害森林面积约为14万公顷。根据某些研究结果，仅西南地区由于酸雨造成森林生产力下降，共损失木材630万立方米，直接经济损失达30亿元（按1988年市场价计算）。对南方11个省的估计，酸雨造成的直接经济损失可达44亿元。

图2-12 加拿大被酸雨腐蚀的森林

4．酸雨对水生生态系统的危害

酸雨还能杀死水中的浮游生物，减少鱼类食物来源，破坏水生生态系统。藻类是水体的主要初级生产者，在酸化水体中，藻类数量减少，特别是在藻类形成季节，与邻近非酸化水体相比，藻类种类明显偏少；这样，导致各种鱼虾等动物、水生植物及微生物等都会受到严重影响。2008年4月中旬，广东省中山市东升镇利生村一虾农，4月初一场雨后，所养白虾就暴发红体病，2～3d后周边虾塘都出现了红体病，至月中大规模暴发，过后环保专家调查结果表明是由酸雨的影响所造成的。

5．酸雨对建筑物的危害

酸雨对非金属建筑物和金属建筑物均能产生严重的危害。

（1）酸雨对非金属建筑材料的破坏

酸雨能使非金属建筑材料（混凝土、砂浆和灰砂砖）表面硬化水泥溶解，使材料表面变质、失去光泽、材质松散，出现空洞和裂缝，导致强度降低，最终引起构件破坏，严重的使混凝土大量剥落，钢筋裸露与锈蚀。

砂浆混凝土建筑材料墙面经酸雨侵蚀后，表面变脏、变黑，严重影响了城市市容质量和城市景观，被人们称之为"黑壳"效应。我国雾都重庆"黑壳"效应相当明显。天然大理石（俗称汉白玉，主要成分为碳酸钙），经酸雨淋洗几年之后，就会完全变色、失去光泽。例如，有两座尖塔高157m的著名德国科隆大教堂，石壁表面已被腐蚀得凹凸不平"酸筋"累累，通向入口处的天使和玛丽亚石像剥蚀得已经难以恢复，其中的砂岩石雕近15年间甚至腐蚀掉了10cm；已经进入《世界遗产名录》的著名印度泰姬陵，由于大气污染和酸雨的腐蚀，大理石失去光泽，乳白色逐渐泛黄，有的变成了锈色。

（2）酸雨对金属建筑材料的破坏

研究表明，暴露在室外的钢结构建筑物，受酸雾的影响，腐蚀速率为0.2～0.4mm/a，若直接受酸雨浇淋其腐蚀速率将＞1mm/a，明显高于无污染地区。如重庆市嘉陵江大桥腐蚀速度为0.16mm/a，远超过瑞典的斯德哥尔摩大桥（腐蚀速度0.03mm/a），嘉陵江大桥每年防锈维护费用是南京长江大桥的1.4倍。南京的室外古青铜天文仪器近年来的腐蚀速度上升为0.4mm/100a，远远超过无污染大气时的0.1mm/100a的腐蚀速度。在重庆、四川、贵州等地，电视铁塔、路灯电杆、汽车铁壳、输电铁架等受酸雨影响的损失费用明显高于其他地区。对不同的金属，酸雨地区相比其他非酸雨地区，其腐蚀破坏的严重程度也是不一样的，酸雨区铝的破坏性较非酸雨区高13～20倍，铜高出3～4倍，黑色金属高出2～3倍。

6. 酸雨对保护性涂（镀）层的腐蚀危害

汽车、摩托车、自行车、火车、电器以及许多的机械设备、电力和通信设备、基础工程建设设施和厂房建筑等，无不通过涂覆金属、非金属或有机涂层进行保护，一方面是提供漂亮外观，更主要是防止金属的腐蚀生锈。

酸雨对这些保护层，特别是金属性保护层的破坏是非常快的。比如，在非酸雨环境下耐蚀一般的电镀铜／镍／铬产品件，保护寿命可维持2年以上，而采用厚镍层／微孔镀铬层的耐蚀体系可保持5～10年。但试验发现在酸雨环境下，即使采用耐蚀的双镍／微孔铬体系，仅使用1年就出现较严重锈蚀。酸雨对油漆类的防腐涂层腐蚀也十分严重，其漆膜在酸雨下光泽颜色及粉化的破坏很快，对普通油漆而言，使用1～2年，即出现明显失光和变色，3年后出现明显粉化缺陷。据调查，重庆市公共汽车因大气腐蚀造成的每年涂装、2年换顶、4年进行面板和车顶更换、车身骨架维护的损失费总计达6147万元，平均每年1536.8万元，损失十分惊人。

四、酸雨的防治战略和措施

酸雨是一个国际环境问题，单独靠一个国家解决不了问题，只有各国共同采取行动，减少二氧化硫和氮氧化物的排放量，才能有效控制酸雨污染及其危害。为此，长期以来世界各国也在不懈地做出努力，力求减少和控制酸雨的产生。

① 健全环境法规，控制工业污染源和汽车污染源的排放。制订严格的大气污染排放标准，用法律手段促使排放源实施各种有效措施控制工业污染源及大气污染排放量。美国、加拿大、德国、法国等发达国家都先后制订了防治酸雨、减少二氧化硫和氮氧化物排放量的法规，在减少二氧化硫和氮氧化物方面起到了很大的作用。如美国不允许新建大型火力发电厂以及限制燃烧发电厂的排放量，使美国二氧化硫排放量减少了一半。

② 调整能源结构，从源头上控制酸性气体的排放。改变能源结构，增加无污染或少污染的能源比例；改造供热方式，大力开发并利用太阳能、风能及水能这些无污染的能源。长期坚持使用，会对环境十分有利。我国在充分利用无污染能源方面做了很大努力，取得了较大成效。

③ 积极开发新型烟气脱硫脱硝技术，从末端控制酸性污染的产生。政府应大力研究和发展新型锅炉及电厂的低能耗低运行费用的脱硫及脱硝技术，从末端保证酸性气体的达标排放及满足环境总量控制的要求。

④ 加强大气污染的监测和科学研究。建立大气及酸雨自动监测系统，配备网络及数据库系统，从而使环境管理者能随时掌握当前大气中的二氧化硫和氮氧化物的浓度及时空分布情况，及时了解酸雨状况并预测其变化趋势，以便采取和调整相应的防治对策。我国于2000年10月正式加入了东亚酸沉降监测网，正式拉开了我国在酸雨控制上国际间合作的序幕。

⑤ 加强环境执法力度，严格控制污染物的排放。坚决取缔那些能耗高、排污量大的企业，使用锅炉的企业必须安装除尘及脱硫装置；汽车要安装尾气净化器，确保污染物达标排放。

另外，控制酸雨的管理及执行者是政府，政府还要采取以下两方面的措施：一是直接环境管制措施，其手段有建立空气质量、燃料燃烧的排放标准，实行排放许可证制度；二是经济刺激措施，其手段有排污税费、产品税（包括燃料税）、排放交易和一些经济补助等。西方国家传统上比较多地采用了直接管制手段，但从20世纪90年代以来，又比较注重经济刺激手段的应用。如，西欧国家较多应用了污染税（如燃料税和硫税）；美国1990年修订了《清洁空气法》，建立了一套二氧化硫排放交易制度，据估计，由于实施了排污交易制度，酸雨控制计划费用只需要原来估算费用的一半，就实现了在2010年将全国电站二氧化硫排放量在1980年基础上削减50%的目标。我国在20世纪70年代就开始实施了排污收费制度，80年代开始实施了排污许可证制度；排污权交易也已经尝试近20年，交易机制正在深化形成，将在我国全面实施，这些对我国的污染控制起到了重要作用。目前，世界各国在削减二氧化硫排放方面取得了很大进展，但控制氮氧化物排放的成效尚不明显。

复习思考题

1. 什么叫酸雨？酸雨的化学组成有哪些阳离子和阴离子？简述酸雨的形成过程。

2. 酸雨对环境会造成哪些危害？

3. 如何防治酸雨？

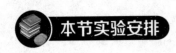

本节实验安排

实验活动一　酸雨危害的模拟实验

一、实验背景

在全球性的环境问题中，酸雨已经成为重大危害之一，给工农业生产和人类生活造成巨大损失。因此，进一步认识和探究酸雨的形成和危害，对保护人类赖以生存的环境有着十分重大的意义。

二、实验目的

1．通过实验，使学生了解酸雨对环境的危害。

2．通过自主实验探究，培养学生科学创新精神。

3．让学生展开讨论，总结出预防酸雨的措施。

4．认识环境保护的重要性，增强环保意识。

三、实验原理

1．煤中含有硫元素及氮元素，燃烧时会排放出二氧化硫（SO_2）、二氧化氮（NO_2）等污染物，这些气体以及气体在空气中反应后的生成物溶于水，显酸性而形成酸雨。

2．酸雨形成的主要过程：

二氧化硫溶于雨水：$SO_2 + H_2O = H_2SO_3$

亚硫酸在空气中进一步氧化：$2H_2SO_3 + O_2 = 2H_2SO_4$

二氧化氮溶于雨水：$4NO_2 + O_2 + 2H_2O = 4HNO_3$

3．燃烧产生的气体溶于水后形成的雨水显强酸性（如硫酸），能分别与金属单质及碳酸盐反应：

$$Mg + H_2SO_4 = MgSO_4 + H_2\uparrow$$

$$CaCO_3 + H_2SO_4 = CaSO_4 + H_2O + CO_2\uparrow$$

4．实验后废气及废液的处理：实验后余下的二氧化硫气体及酸性废液，可被氢氧化钠溶液吸收而除去。

$$SO_2 + 2NaOH = Na_2SO_3 + H_2O$$

$$H_2SO_4 + 2NaOH = Na_2SO_4 + 2H_2O$$

四、实验仪器和药品

仪器：集气瓶（250mL）2个、燃烧匙1个、医用注射器（30mL）2个、橡胶塞2个、自制喷头2个、酒精灯、药匙、火柴、镊子。

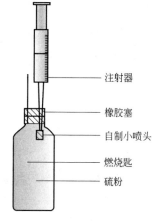

药品：硫粉、蒸馏水、镁带、韭菜叶、鸡蛋壳若干、氢氧化钠溶液。

五、实验步骤

1．用镊子分别向两个集气瓶（一个为实验瓶，一个为空白对照瓶）中加入适量韭菜叶、镁带、鸡蛋壳。

2．用医用注射器各吸入20mL蒸馏水。

3．用药匙取硫粉适量放在燃烧匙中，在酒精灯火焰上点燃后迅速放入一瓶中，塞紧橡胶塞，硫在瓶内燃烧（图2-13）。

4．分别将医用注射器中的水注入到二个集气瓶中，观察记录实验现象，填写表2-4。

图 2-13　模拟 SO_2 形成酸雨

注射器

橡胶塞

自制小喷头

燃烧匙

硫粉

表2-4　实验记录

操作步骤	实验现象	
集气瓶中的物质	空气加20mL水（对照瓶）	SO_2加20mL水（实验瓶）
a．韭菜叶		
b．镁带		
c．鸡蛋壳		

5．实验结束后用医用注射器吸取10~15mL的氢氧化钠溶液注入到实验瓶的集气瓶中并加以振荡，处理瓶内残留的废气和废液。

六、实验后思考

1．本实验中，我们采用对照实验的方法，其对照物是＿＿＿＿＿＿。

2．实验结束后用医用注射器吸取15mL的氢氧化钠溶液注入到实验组的集气瓶中并加以振荡的目的是：＿＿＿＿＿＿＿＿＿＿＿＿＿＿＿＿＿。

3．通过本实验现象描述酸雨的危害大致有哪些。

4．人为排放的二氧化硫主要是由燃烧高硫煤造成的，因此，研究煤炭中硫资源的综合开发和利用是防治酸雨的有效途径。为了防止酸雨的产生，保护我们的大自然，请你提出防止酸雨产生的一些合理化的建议。

七、实验说明

1．本实验用硫在氧气中燃烧产生二氧化硫，让学生可直接得知空气中二氧化硫是由含有硫元素的化石燃料在燃烧时产生的，同时借助医用注射器和自制喷头喷水，模拟了下雨的过程，更接近酸雨的产生过程，使实验更加真实。

2．实验中用鸡蛋壳（主要成分为碳酸钙）替代大理石或石灰石颗粒，植物叶子选用韭菜叶，实验现象较为明显。

3．实验结束后用稀氢氧化钠溶液吸收多余气体及废液，能有效防止室内空气污染。

实验活动二　氮氧化物产生酸雨的模拟实验

一、实验背景

实际生活中氮氧化物的主要污染源是汽车发动机在电火花及高温下，空气中的氮气与氧气发生反应产生的氮氧化物废气。尽管模拟汽车废气排气系统在实验室难以实现，但可以在实验室近似地合成一氧化氮，一氧化氮极难溶于水，又不与水反应，但却易被空气中的氧气氧化为二氧化氮，它们的混合物称为氮氧化物。这些氮氧化物在大气中扩散转移并与水滴（雨、雪、雾、云）相互反应。本实验用亚硝酸盐与酸反应产生一氧化氮，从而近似地模拟大气中由汽车造成的污染。

二、实验目的

1．合成一氧化氮。

2．用指示剂检验含氮氧化物和硝酸的雨水的酸碱性。

3．通过实验，培养环保出行的环境意识。

三、实验原理

亚硝酸根与强酸溶液反应放出一氧化氮：

$$3NO_2^-(aq)+2H^+(aq)=2NO(g)+H_2O(l)$$

不同于氮气，一氧化氮很活泼，极容易与空气中的氧气发生反应生成棕红色的二氧化氮：

$$2NO(g)+O_2(g)=2NO_2(g)$$

二氧化氮与水反应生成硝酸而使溴甲酚绿指示剂由蓝绿色变黄色：

$$3NO_2+H_2O=2HNO_3+NO$$

四、实验仪器和药品

仪器：培养皿、胶头滴管、药匙；

药品：亚硝酸钠（s）、稀硫酸（1：3）、0.1%溴甲酚绿指示剂。

五、实验步骤

1．将洁净、干净的培养皿把盖子取下，在中心处用药匙放置适量的固体亚硝酸钠（中间可做一小穴），四周几处各滴一滴指示剂溴甲酚绿溶液；

2．向培养皿中心放置亚硝酸钠的小穴内滴入适量稀硫酸，迅速盖上盖子，观察反应前后指示剂颜色变化情况（图2-14和图2-15）。

图2-14　反应前
（见文后彩图2-14）

图2-15　反应后
（见文后彩图2-15）

六、实验说明

1．0.1%溴甲酚绿指示剂的配制（100mL）。取0.1g溴甲酚绿固体溶于20mL酒精中，溶解后加入蒸馏水至100mL即可，溶液为蓝绿色。溴甲酚绿对碱很敏感，遇碱性水溶液呈特殊的亮绿色。配制时用一般显碱性水溶液即可。

2．本反应速度很快，滴加稀硫酸后及时盖上盖子，稀硫酸滴加3～5滴即可。实验宜在通风柜中进行。

3．生成的气体使滴加在周围的蓝绿色的指示剂变为黄色，效果明显。

重庆罕见的"黑雨"

1994年1月6日晚10时至7日上午8时30分，重庆市6个区县、120km^{2}的范围内降了一场罕见的"黑雨"，一些新修的大楼白墙被染成黑灰色。

据该市环境科研所和环境监测中心站7日晨观测，雨的样品像黑墨水，内有悬浮物，静置2.5h后，瓶底无明显沉降物。经中速定量滤纸过滤后，滤液仍呈黑黄色，滤纸上有黑色不溶物。经分析测定，黑色色度为100度，pH值为3.92，属较高浓度的酸雨。其他几项检测数据表明，"黑雨"中含多种物质，浓度极高，既黑又酸。

重庆市环境科研所负责人分析认为，"黑雨"并非"天外来客"，而是重庆地区大气污染造成的。飘浮在空中的煤烟、汽车尾气等污染物与雨水结合，从而使原来晶莹的雨珠变得混浊发黑。这说明重庆地区大气污染非常严重，应该引起重视，并及时采取有效的防治措施，以改善重庆的大气环境质量。

为什么规定pH≤5.6为酸雨

pH一词是由丹麦生物化学家赛连赤在1909年提出的，是取自氢离子指数（hydrogenous exponent）的乘方（power）的第一个字母。氢离子（H^+）大量存在于酸性液体中，而氢氧根离子（OH^-）大量存在于碱性液体中。常温下的水溶液中，氢离子和氢氧根离子的浓度乘积是一定的，即$c(H^+)c(OH^-)=10^{-14}$。

降水中酸性的大小称为酸度。洁净雨水中溶入CO_2达到饱和时，CO_2在空气中的分压约为$3.16\times10^{-4}\times101kPa$，它的电离方程式为：

$$CO_2 + H_2O \rightleftharpoons H_2CO_3 \qquad K_0 = 3.47\times10^{-2}$$

$$H_2CO_3 \rightleftharpoons HCO_3^- + H^+ \qquad K_1 = 4.4\times10^{-7}$$

设H_2O分解的$c(H^+)$忽略不计，根据碳酸的一级解离常数表达式可得：

$$c(H^+) \approx c(HCO_3^-)$$

即
$$[c(H^+)]^2 = K_1\times[c(H_2CO_3)] = K_1\times K_0\times P_{CO_2}$$
$$= 4.4\times10^{-7}\times3.47\times10^{-2}\times3.16\times10^{-4} = 4.82\times10^{-12}$$

$$c(H^+) = 2.2\times10^{-6}, \quad pH = -lg[c(H^+)] = 5.66$$

长期以来，由于碳酸的一级解离常数存在多种数值，计算值有一定误差，因此，常把pH在5.6以下的雨水称为"酸雨"。pH数值下降一个单位，就意味着酸性强度增大10倍，如pH为4的雨比pH为5的雨的酸度强10倍。由以上分析可知，5.6的来源是二氧化碳溶解于蒸馏水中饱和达到平衡时的酸度。研究表明，H^+与酸雨存在重要的相关性，目前仍将pH小于5.6的降雨称为酸雨，似不尽合理。

大气中不同的酸性物质所形成的各类酸，都对酸雨的形成起作用，但它们作用的贡献不同。一般说来，对形成酸雨的作用，硫酸占60%～70%，硝酸约占30%，盐酸约占5%，有机酸约占2%。所以，人为排出的二氧化硫和氮氧化物是形成酸雨的两种主要物质。

有人认为，不能用单纯化学上pH的概念来理解酸雨问题。降水背景值的研究实际上包括两个部分，一部分是自然基本特征的研究，另一部分是现实环境背景值的研究。如我国云南丽水降水背景为5.0，这个天然背景值不单纯是二氧化碳的影响，而是二氧化硫、氮氧化物、有机酸以及对酸的缓冲物钾、钠、钙、镁、氨等多种因素综合叠加的体现，因此有人认为内陆用pH≤5.0，海洋用pH≤4.7来定义酸雨才比较客观、科学。还有人认为，我国南方酸雨的pH值标准可以从pH=5.6降为pH=4.6。目前，国际学术界也在探索摆脱pH=5.6这个过于简单的纯气体化学标准，重新制定一个有效的区域性标准。

与国外酸雨现象相比较，我国酸雨的特点是：降水化学组分受污染影响程度严重，尤以硫含量最为突出。我国各主要城市降水中硫酸根含量和硫酸根与硝酸根比值范围都达欧美国家对应值的3～5倍，充分反映了煤烟型大气污染和低空排放的特点。我国的酸雨分布呈显著的地域性，并呈现以城市为中心的多中心分布特点。深入研究还发现，我国城市上空近地层存在着中和作用层。如上海、重庆和广州的酸雨垂直分布监测表明，100m高度内的近地层对降水酸度主要起中和作用。局部地域污染可能引起的致酸作用小，而到达上空致酸区的局部地域污染物，其影响尺度将会超出局部地域范围。

第三节
臭氧层破坏

自1984年英国科学家法尔曼等人发现：在过去10～15年间每到春天南极上空的臭氧浓度就会减少30%，极地上空有95%的臭氧层被破坏，与周围相比好像形成了一个"洞"。以后，臭氧空洞越来越大，危害越来越严重，已渐渐引起世界各国重视，在联合国环境规划署的推动下，各国分别制订了保护臭氧层的《维也纳公约》和《蒙特利尔议定书》。到目前为止，参与保护臭氧层的缔约国家和地区已经达到165个，充分显示了世界各国对保护臭氧层的重视和责任，联合国还把每年的9月16日定为"国际保护臭氧层日"。

一、大气层结构

大气层就是指包围着地球表面上空的大气圈层，由于受地心引力的作用，大气层中空气质量的分布是不均匀的。总体看，海平面处的空气密度最大，随高度的增加，空气密度逐渐减小。当超过1000～1400km的高空时，气体已经非常稀薄了。根据大气温度垂直分布的特点，大气可以分为五层（见图2-16）。

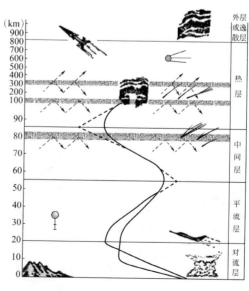

图2-16 大气的分层

1. 对流层

对流层是大气中最接近地面的一层，对流层的平均厚度约为12km。该层气温随高度增加而降低，空气质量约占大气层总质量的75%，是天气变化最复杂的层次，云、雾、雨、雪等主要大气现象均发生在这一层，对人们的生产、生活影响最大，大气污染现象也主要发生在这一层。

2. 平流层

对流层层顶之上的大气为平流层，从地面向上延伸到约50～55km处。该层气温特点是下部气温随高度变化不大，上层气温随高度增加而升高。大气中臭氧含量极其微少，仅占大气中的一亿分之一，且在各层中分布极不均匀（见图2-17），在离地面20～30km中，存在着一个厚度约10～15km区间，其臭氧浓度达到最大值，称为臭氧层，该层臭氧的含量占这一高度空气总量的十万分之一。

臭氧层的臭氧含量虽然极其微少，却具有非常强烈的吸收紫外线的功能，可以吸收太阳光紫外线中对生物有害的部分（UVB区）。由于臭氧层有效地挡住了来自太阳紫外线的侵袭，才使得人类和地球上各种生命能够存在、繁衍和发展。因此，臭氧层有"地球保护伞"之称。

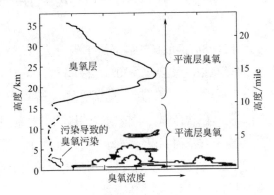

图 2-17　大气中的臭氧分布

3. 中间层

平流层之上离地面50～85km的区域称为中间层，该层温度随高度增加而下降，层内有强烈的空气对流作用。

4. 热层

中间层之上，向上可达距地面800km以上。该层空气密度很小，气体在宇宙射线作用下处于电离状态，所以又叫电离层。电离层能反射无线电波，对远距离通信极为重要。

5. 外层或逸散层

大气层最外层，是过渡到星际空间的一层很厚的过渡层，高度约为2000～3000km。该层大气极为稀薄，气温高，分子运动速度快，有的高速运动的粒子能克服地球引力的作用逃逸到太空中去。

二、大气层中臭氧层生成和消耗机理

关于平流层中臭氧的生成和消耗，英国地球物理学家查普曼于1930年提出一个纯氧体系的光化学反应机理：来自太阳的高能量的紫外辐射在到达地球表面之前，其中高能的紫外线使得高空中的氧气分子发生分解，成为两个氧原子；氧气分解反应产生的氧原子具有很强的化学活性，能很快与大气中含量很高的氧分子发生进一步的化学反应，生成臭氧分子；生成的臭氧分子在平流层能吸收紫外线辐射并发生光解生成氧气分子。

氧气分解：$O_2 + h\nu\,(<240nm) \longrightarrow O + O$

合成臭氧：$O_2 + O \longrightarrow O_3$

臭氧光解：$2O_3 + h\nu \longrightarrow 3O_2$

通过以上的臭氧生成及消耗反应过程，臭氧和氧气之间达到动态的化学平衡，正常情况下维持一定的浓度，大气中形成了一个较为稳定的富含臭氧的大气层。

三、臭氧层的破坏

一个富含臭氧及稳定的臭氧层的存在对地面免受太阳紫外线辐射和宇宙辐射起着很好的防护作用，否则，地面上所有的生命将会由于这种强烈的辐射而致死。但是，近年来，由于地面向大气排放氯氟烃等化合物过多，局部臭氧层被销蚀成洞，太阳及宇宙辐射可直接穿过"臭氧空洞"，给地球上的生物造成危害。

1984年，英国科学家观测到南极上空出现臭氧层空洞（图2-18），并证实其同氟利昂（CFCs）分解产生的氯原子有直接关系。这一消息震惊了全世界；到1994年，南极上空的臭氧层破坏面积已达$2.4 \times 10^7 km^2$，到2008年增大到$2.8 \times 10^7 km^2$；臭氧层空洞持续时间也延长，1995年观测到的臭氧层空洞发生期间是77d，1998年臭氧层空洞的持续时间超过了100d，是南极臭氧层空洞发现以来的最长纪

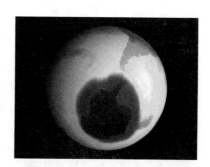

图2-18　南极臭氧层空洞
（见文后彩图2-18）

录。北半球上空的臭氧层也比以往任何时候都薄，欧洲和北美上空的臭氧层平均减少了10%～15%，西伯利亚上空甚至减少了35%，我国科学家也观测到青藏高原存在一个臭氧低值中心。这一切迹象表明，大气臭氧层的损坏状况仍在恶化之中。科学家警告说，地球上臭氧层被破坏的程度远比一般人想象的要严重得多。

四、臭氧层破坏的原因

越来越多的科学家证实，人工合成的一些含氯和含溴物质是造成南极臭氧洞的元凶，最典型的是20世纪20年代合成的氟利昂，其化学性质稳定，不具有可燃性和毒性，被当作制冷剂、发泡剂和清洗剂，广泛用于家用电器、泡沫塑料、日用化学品、汽车、消防器材等领域。80年代后期，氟利昂的生产达到了高峰，产量达到了144万吨。在对氟利昂实行控制之前，全世界向大气中排放的氟利昂已达到了2000万吨（见图2-19）。

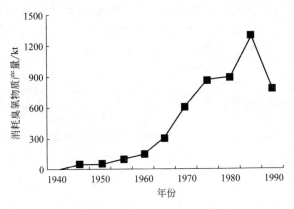

图 2-19　世界消耗臭氧物质产量

由于人工合成的氟利昂在对流层是化学惰性的，不能通过一般的化学反应去除，它们在大气中的平均寿命可达数百年，所以排放的大部分仍留在大气层中，其中主要停留在对流层，一小部分升入平流层。在对流层相当稳定的氟利昂，在上升进入平流层后，在一定的气象条件下，会在强烈紫外线的作用下被分解，分解所释放出的氯原子同臭氧会发生连锁反应，不断破坏臭氧分子。科学家估算，一个氯原子自由基可以破坏很多个臭氧分子，其破坏作用机理如下：

二氯二氟甲烷电离出氯原子　　　　　　$CCl_2F_2 = 2Cl + CF_2$

氯原子与臭氧反应　　　　　　　　　　$Cl + O_3 = ClO + O_2$

氯氧基进一步与臭氧反应　　　　　　　$ClO + O_3 = Cl + 2O_2$

将反应叠加，消去氯原子得　　　　　　$2O_3 = 3O_2$

氯原子在此作催化剂，开始消耗氯原子，最后又重新生成，对臭氧的破坏作用很大。

此外，科学发现，氮氧化物也是破坏臭氧层的主要物质。氮氧化物导致大气中臭氧浓度减少的机理较为复杂，通常认为是与氮氧化物的催化作用有关，如

$$NO + O_3 \longrightarrow NO_2 + O_2$$
$$NO_2 + O \longrightarrow NO + O_2$$
$$O_3 + O \longrightarrow O_2 + O_2$$

五、臭氧层破坏的危害

臭氧层的破坏，会使其吸收紫外线波段（波长275～320nm）辐射的能力大大减弱，导致到达地球表面的户外紫外线（UVB）强度明显增加，给人类健康和生态系统带来很大的危害，后果十分严重，具体表现在以下几个方面。

1. 对人体健康的影响

UVB的过量照射可以引起皮肤癌、白内障以及免疫系统机能等疾病。据估计，平流层臭氧减少1%，紫外线增加2%，皮肤癌的发病率将提高4%～6%，白内障的患者将增加0.3%～0.6%。有一些初步证据表明，人体长期暴露于紫外线辐射强度增加的环境中，会使细胞内的DNA改变，引起人的免疫系统受到抑制，人体抗疾病能力下降。

2. 对植物的影响

紫外线辐射的增强会改变植物的叶面结构、生理功能、芽苞发育过程等，对小麦、稻米、大豆、大麦、土豆等农作物产生有害影响，从而降低农作物的产量和质量；对森林和草原可能会改变物种的组成，进而影响不同生态系统的生物多样性。

3. 对水生生态系统的影响

紫外线辐射的增加也会使处于食物链底层的浮游生物的生产力下降，从而损害整个水生生态系统。有报告指出，由于臭氧层空洞的出现，南极海域的藻类生长已受到了很大影响。紫外线辐射也可能导致某些生物物种的突变。研究表明，在臭氧减少9%的情况下，约有8%的幼鱼死亡。

4. 对其他方面的影响

过多的紫外线会加速建筑、包装及电线电缆等所用材料降解和加速老化变

质，增加城市的光化学烟雾。另外，氟利昂、甲烷、氮氧化物等引起臭氧层破坏的痕量气体的增加，也会引起温室效应。

六、控制臭氧层破坏的对策

1. 开发利用无消耗臭氧的替代性新产品

在现代经济中，氟利昂等物质应用非常广泛，要全面淘汰，必须首先找到氟利昂等的替代物质和替代技术。在特殊情况下需要使用，也应努力回收，尽可能重复利用。目前，世界上一些氟利昂的主要生产厂家参与研究开发了替代氟利昂的含氟替代物的合成方法，有可能用作发泡剂、制冷剂和清洗溶剂等，但这类替代物也损害臭氧层或产生温室效应。同时，也在研究开发非氟利昂类型的替代物质和方法，如水清洗技术、氨制冷技术等。

2. 采取多种手段，禁止或减少消耗臭氧物质的使用

为了推动氟利昂替代物质和技术的开发和使用，逐步淘汰消耗臭氧物质，许多国家正在采取一系列政策措施：一是利用传统的环境管理措施，如禁用、限制、配额使用氟利昂，对违反规定的行为实施严厉处罚，如欧盟国家和一些经济转轨国家广泛采用了这类措施；二是利用经济手段，如征收税费，资助替代物质和技术开发等，如美国对生产和使用消耗臭氧物质的企业就实行了征税和交易许可证等措施。另外，许多国家的政府、企业和民间团体还发起了自愿行动，使用各种环境标志，鼓励生产者和消费者生产和使用不带有消耗臭氧物质的材料和产品，其中绿色冰箱标志得到了非常广泛的应用。

3. 各国要通力合作，实现保护臭氧层公约目标

保护臭氧层是世界各国共同的责任和目标，不是单独哪一个国家的事情，是全球的事情，因此要各国共同参与才能做好。1985年，在联合国环境规划署的推动下，制定了保护臭氧层的《维也纳公约》。1987年，联合国环境规划署组织制定了关于消耗臭氧层物质的《蒙特利尔议定书》，对8种破坏臭氧层的物质（简称受控物质）提出了削减使用的时间要求。1990年、1992年和1995年，在伦敦、哥本哈根、维也纳召开的议定书缔约国会议上，对议定书又分别做了3次修改，扩大了受控物质的范围，现包括氟利昂（也称氟氯化碳CFCs）、哈伦（CFCB）、四氯化碳（CCl_4）、甲基氯仿（CH_3CCl_3）、氟氯烃（HCFC）和甲基溴（CH_3Br）等，并提前了停止使用的时间。根据修改后的议定书的规定，发达国家到1994年1月停止使用哈伦，1996年1月停止使用氟利昂、四氯化碳、甲基

氯仿；发展中国家到2010年全部停止使用氟利昂、哈伦、四氯化碳、甲基氯仿。中国于1992年加入了《蒙特利尔议定书》。

从各项国际条约执行情况看，这项议定书执行的是最好的。目前，向大气层排放的消耗臭氧物质已经在逐年减少。另据预测，只有到21世纪中期臭氧层浓度才能达到20世纪六七十年代的水平。

 **复习思考题**

1．臭氧层位于大气层的（　　　）

A．对流层　　　　　B．平流层　　　　C．电离层　　　　D．中间层

2．引起臭氧层破坏的物质有哪些？（列举3种）

3．说明臭氧层变薄或出现空洞的原因。（写出主要的反应机理方程式）

本节实验安排

实验活动　臭氧的制备及性质实验

一、臭氧的制备

（一）化学反应法制备臭氧

1．实验原理

空气中的臭氧是氧气吸收太阳波长小于185nm紫外线后形成的，反应式为：

$$3O_2+h\nu = 2O_3$$

当用波长25nm紫外线照射臭氧时，它又分解成氧气。实验室可用物质间化学反应方法制取少量臭氧。例如，用浓硫酸与过氧化钡作用可制得臭氧：

$$3BaO_2+3H_2SO_4 = 3BaSO_4+O_3\uparrow +3H_2O$$

2．实验仪器和药品

仪器：试管、玻璃棒。

药品：过氧化钡细粉、浓硫酸、淀粉-碘化钾试纸。

3．实验步骤

在试管中加入少量过氧化钡细粉，另一试管中加入约2mL浓硫酸，将它们都放入冰水中冷却。大约两分钟后，将冷的浓硫酸倒入盛有过氧化钡的试管中，用

玻璃棒搅拌，有臭氧产生。用润湿的淀粉-碘化钾试纸放在试管口可以看到试纸变蓝，反应式为：

$$2KI+O_3+H_2O = 2KOH+I_2+O_2$$

臭氧有一种臭味，也可用嗅觉辨别。产生的气体可用于进行臭氧的性质实验。

4．注意事项

应在较低温度下进行。

（二）放电法制取臭氧

1．实验原理

氧气在无声放电或紫外线的作用下，有一部分转变成臭氧：

$$3O_2 = 2O_3$$

实验室里用感应圈进行无声放电；生成的臭氧可用淀粉-碘化钾溶液或淀粉-碘化钾试纸来进行定性检验。

$$O_3 + 2KI + H_2O = I_2 + 2KOH + O_2$$

2．实验仪器和药品

仪器：臭氧发生器、感应圈、储气瓶。

药品：淀粉-碘化钾溶液（或试纸）。

3．实验步骤

① 将感应圈与直流电源相连，调好感应圈。

② 把臭氧发生器上的两电极与感应圈的高压接线柱相连。

③ 臭氧发生器的进气口与储气瓶（或其他鼓气装置）相接，进口可用空气或制备的纯氧气（效果更佳），将臭氧发生器出气口的导管插入盛淀粉-碘化钾溶液的瓶中，如图2-20所示。

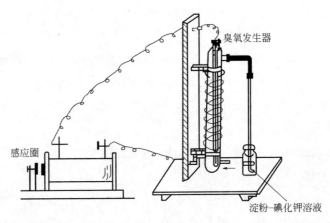

图 2-20　放电法制取臭氧

④ 接通电源，使之产生无声放电，同时向臭氧发生器缓缓地通入空气（或间歇地通气），产生的臭氧使淀粉-碘化钾溶液变成蓝色，同时闻到臭氧的特殊气味。

4．注意事项

① 图2-20中所示的臭氧发生器是一个固定在木架上的玻璃套管。内管的中心插有一根导线，在外管的外壁上均匀地绕有细的纱包线或漆包线，气体从内外管之间通过，在此接受无声放电作用。

② 制作臭氧发生器时，应使放电管内的导线（使用铝线或铁丝等金属线也可以）位于管的中心，这样才能与管外壁上的导线间产生良好的无声放电。如图2-21所示是几种自制的简易臭氧发生器。

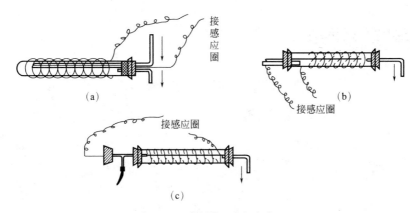

图 2-21 自制简易臭氧发生器

③ 感应圈能产生很强的电击，使用时不得用手接触放电器和金属柱，也不要触摸从金属柱连接试验仪器的导线。

④ 放电火花距离和输入电压不许超过感应圈铭牌的规定，以免将线圈击穿烧毁。

⑤ 感应圈连续工作时间不宜过长，以免升温后使副线圈的石蜡绝缘体熔化。

⑥ 臭氧发生器都应固定在木架上使用。若使用铁架台固定，放电管的被夹持部位必须要用多层塑料布条包缠，使它与铁夹间有高度的绝缘性能。

二、臭氧的性质实验

臭氧的化学性质主要表现为它的强氧化性。

① 臭氧与亚铁离子反应。将上述实验制备得到的臭氧通入装有硫酸亚铁的试管中，观察现象。

$$2Fe^{2+} + O_3 + 2H^+ = 2Fe^{3+} + H_2O + O_2$$

② 臭氧与碘离子反应。将臭氧通入装有碘化钾-淀粉溶液的试管中，观察现象。

碱性条件下：$O_3 + 2I^- + H_2O = O_2 + 2OH^- + I_2$

酸性条件下：$O_3 + 2I^- + 2H^+ = O_2 + H_2O + I_2$

③ 臭氧与硫化物溶液反应。将臭氧通入装有硫化钠溶液的试管中，观察实验现象。

$$Na_2S + O_3 + H_2O = 2NaOH + O_2 + S\downarrow$$

产生硫单质沉淀。但在臭氧足量反应时间较长时也可以氧化成硫酸钠。

$$Na_2S + 4O_3 = 4O_2 + NaSO_4$$

④ 臭氧的漂白作用。将臭氧通入装有品红溶液的试管中，观察现象（品红溶液褪色）。

臭氧超标有哪些危害

臭氧对人类来说是一把"双刃剑"。少量吸入有益，过量则对人体健康有一定危害。

近年来，平流层上层臭氧大量减少，而平流层下层和对流层上层臭氧量增长，对全球气候起到不良的扰乱作用。臭氧超标对人体和动植物健康都有负面影响。

臭氧是光化学烟雾生成的主要二次大气污染物之一，对人和动物的眼睛和呼吸道有强烈刺激作用，对人和动物的肺功能也有影响。

臭氧是一种强氧化剂，当臭氧被吸入呼吸道后，与呼吸道中的细胞、液体和组织很快发生反应，导致肺功能减弱和组织损伤，出现咳嗽、呼吸短促、鼻咽刺激，甚至在呼吸时有不适或痛感。较高浓度的臭氧会损害儿童的肺功能，引起胸痛、恶心、疲乏等症状。臭氧还会破坏人体免疫功能，如果孕妇在怀孕期间过量接触臭氧，胎儿也会受到不良影响。

20世纪50年代，美国发生了著名的洛杉矶光化学烟雾事件，臭氧就是元凶之一，高浓度的臭氧导致严重的人体健康危害。据报道，1955年当地因呼吸系统衰竭死亡的65岁以上老人达到400多人；许多人出现眼睛痛、头痛、呼吸困难等症状。直至70年代，洛杉矶市还被称为"美国的烟雾城"。

恢复臭氧层

自1980年以来，地球的大气层中臭氧已经是每10年减少其总量的4%，与此同时，处在地球两极上空的臭氧也以更惊人的速度呈周期性递减。大气臭氧层保护着地球上的生命，防止其受到太阳紫外线的伤害。大气臭氧层的减少就意味着黑素瘤皮肤癌、白内障病人增多，免疫系统受损，农作物的损失增加，浮游生物可能遭到毁灭性的破坏等机会增大。1973年，科学家发现了问题的主要根源就是含氯氟烃化合物（CFCs）——也被称为氟利昂，这些化合物广泛运用于工业、商业、家用电器上，包括各种各样的喷雾剂、冰箱以及空调的制冷剂等。

当媒体向世人公布臭氧层不断缩小这一消息时，引来了公众的巨大反响，例如联合抵制含氟氯烃的喷雾剂，抵制各级政府和工业部门所制订的一些规章制度。1985年，据报道说南极臭氧层已经出现了一个空洞，这一报道促成了多个国家（包括美国在内）签署了1987年《蒙特利尔议定书》，限制含氯氟烃的产量和使用。

今天，包括我国在内的近200个国家已经签署了该协议，并取得了可喜的结果。含氯氟烃在空气中的含量呈急剧下降趋势。科学家预测，到2024年，臭氧层将会经历能探测得到的恢复，最早要到2050年才会恢复到1980年前的水平。

第四节
海洋资源的破坏及污染

在地球上，陆地面积仅占总面积的29%，而海洋占到71%。广阔的海洋不仅是生命的摇篮，更是自然界赐予人类的一个巨大的资源宝库。它可以为人类提供食物、能源、矿物、水源、化工原料乃至广阔的空间。目前，世界上约50%人口居住在距离海岸150km的范围内，此比例还在持续升高，海岸沿线是全球经济活力最强的地带。因此，合理开发利用海洋资源，对人类经济活动有重要的意义。

一、海洋是人类的资源宝库

总面积为$3.6 \times 10^8 km^2$的海洋，是地球陆地面积的2倍多，也是地球上富饶而远未开发的资源宝库。随着全球人口的不断膨胀和耕地的逐渐减少，资源问题日益突出，而浩瀚无垠的海洋，有着极其丰富的海洋资源。于是，科学家把解决这一问题的希望寄托于占据地球表面积71%的海洋。早在1960年，法国总统戴高乐就提出"向海洋进军"；1961年，美国总统肯尼迪也提出了"为了生存必须开发海洋";日本更是于1970年就把海洋、空间和原子能列为现代三大尖端技术。21世纪,将是一个海洋经济时代,现在已有越来越多的国家把海洋资源的开发列为重要课题,海洋开发将为人类的发展提供新的前景。

1. 海洋资源

海洋资源是指贮藏于海洋环境中可以被人类利用的物质和能量,以及与海洋开发有关的海洋空间。按照海洋资源的自然属性,可以把海洋资源分为海洋生物资源、海底矿产资源、海洋空间资源、海水化学资源和海洋再生能源等。海洋资源种类繁多、储量巨大,因而被人们称为"天然的鱼仓""盐类的故乡""能量的源泉""娱乐的胜地"。

（1）海洋生物资源

海洋是生物资源的宝库（图2-22）。据生物学家统计,海洋中有20多万种生物,地球上生物资源的80%以上在海洋,其中已知动物有18万种（鱼类有1.9万种）,在不破坏水资源的条件下,每年最多可提供30亿吨水产品（目前被利用的不足1亿吨）。据科学家估计,海洋的食物资源是陆地的1000倍,它所提供的水产品能养活300亿人

图2-22 美丽富饶的海洋生物资源

口。可是目前人类利用的海洋生物资源只占其总量的2%,还有很多可食资源尚未开发。人们在海洋中若繁殖1ha水面的海藻,加工后可获得20t蛋白质,相当于40ha耕地每年所产大豆蛋白质的含量。据中国农业科学院研究显示:光近海领域生长的藻类植物加工成食品,年产量相当于目前世界小麦产量的15倍。海洋提供蛋白质的潜力是全球耕地生产能力的1000倍。

（2）海底矿产资源

海底矿产资源是海底沉积物和海底岩层中的矿产的统称。它包括海滨、浅海、深海、大洋盆地和洋中脊底部的各类矿产资源。海底蕴藏着大量的资源,除海水中氢、氧、氯、钠、镁、钙、钾、金、铀、溴、碘等80多种元素外,海底矿产资源亦极为丰富。如,海滩中的砂矿、磷钙石和海绿石,深海底的锰结核和重金属软泥以及基岩中的矿脉等海底矿产。其中,海底锰结核是著名深海矿产,含锰、铁、镍、钴等20多种元素,经济价值很大。海底金属软泥是覆盖在海底的一层红棕色沉积物,含有硅、氧化铝、氧化铁、锰、镍、钴、铜、钒、铅、锌、银、金等,这些未固结的泥质沉积物,不仅具有潜在的经济意义,在科学研究上也具有重要价值。

锰结核又叫多金属结核，它是沉淀在海底的一种矿石（图2-23）。它表面呈黑色或棕褐色，形状如球状或块状，它含有30多种金属元素，其中最有商业开发价值的是锰、铜、钴、镍等。锰、铜、钴、镍是陆地上紧缺的矿产资源，开采海底锰结核获取这些金属很

图2-23 海底锰结核

有必要。锰结核广泛地分布于海洋2000～6000m水深海底的表层，而以生成于4000～6000m水深海底的品质最佳。锰结核中50%以上是氧化铁和氧化锰，还含有镍、铜、钴、钼、钛等20多种元素。锰结核总储量估计在30000亿吨以上，其中以北太平洋分布面积最广，储量占一半以上，约为17000亿吨。锰结核密集的地方，每平方米面积上就有100多公斤。仅就太平洋底的储量而论，这种锰结核中含锰4000亿吨、镍164亿吨、铜88亿吨、钴98亿吨，其金属资源相当于陆地上总储量的几百倍甚至上千倍。如果按照目前世界金属消耗水平计算，铜可供应600年，镍可供应15000年，锰可供应24000年，钴可满足人类130000年的需要，这是一笔多么巨大的财富啊！而且这种结核增长很快，每年以1000万吨的速度在不断堆积，因此，锰结核将成为一种人类取之不尽的"自生矿物"。锰结核是怎样形成的呢？科学家估计，地球已有50亿年的历史，在这过程中，它在不断地变动。通过地壳中岩浆和热液的活动，以及地壳表面剥蚀搬运和沉积作用，形成了多种矿床。雨水的冲蚀使地面上溶解的一部分矿物质流入了海内。在海水中锰和铁本来是处于饱和状态的，由于这种河流夹带作用，使这两种元素含量不断增加，引起了过饱和沉淀，最初是以胶体含水氧化物沉淀出来。在沉淀过程中，又多方吸附铜、钴等物质并与岩石碎屑、海洋生物遗骨等形成结核体，沉到海底后又随着底流一起滚动，像滚雪球一样，越滚越大，越滚越多，最后形成了大小不一的锰结核矿产。

世界上海底矿产资源开采早在16世纪就开始了，滨海砂矿已进行工业规模的开采，其他矿产尚处于勘查研究和试验性开采阶段。海底新能源矿石——可燃冰的发现和开采成功，让陷入能源危机的人类看到了新的希望。

图 2-24　可燃冰
（见文后彩图 2-24）

天然气水合物又称可燃冰，是分布于深海沉积物或陆域的永久冻土中，由天然气与水在高压低温条件下形成的类冰状的结晶物质，因其外观像冰一样，可同固体酒精一样直接被点燃燃烧，所以又被称作可燃冰（图2-24）。1m^{3}可燃冰可以释放出164 m^{3}的天然气。

可燃冰资源密度高，全球分布广泛，具有极高的资源价值，因而成为油气工业界长期研究热点。自20世纪60年代起，以美国、日本、德国、中国、韩国、印度为代表的一些国家都制订了天然气水合物勘探开发研究计划。迄今，人们已在近海海域与冻土区发现水合物矿点超过230处，涌现出一大批天然气水合物热点研究区。我国于2013年6—9月，在广东沿海珠江口盆地东部海域首次钻获高纯度天然气水合物样品，并通过钻探获得可观的控制储量。2014年2月1日，南海天然气水合物富集规律与开采基础研究通过验收，建立起中国南海"可燃冰"基础研究系统理论。2017年5月，中国首次海域天然气水合物（可燃冰）试采成功。2017年11月3日，国务院正式批准将天然气水合物列为新矿种。

（3）海洋空间资源

海洋空间利用也是宝贵的资源。海洋空间利用可分为滩涂利用、海湾利用、水域利用等。

① 滩涂利用。在陆地土地资源贫乏的国家，都很重视利用滩涂或海湾进行人工造地，滩涂和沿岸浅水区是发展水产养殖业的良好场所，中国是世界上水产养殖业最发达的国家。

② 海湾利用。海湾最主要的用途是建设港口，许多港口随着船舶的大型化，正向深水大港的方向发展。

③ 水域利用。对海洋水域利用最多的是海洋运输业，海洋上的航线早已密如蛛网。

2. 我国海洋资源开发利用现状

我国是拥有漫长的海岸线和辽阔的管辖海域的海洋大国，开发海洋是造福中国乃至全世界的大事。改革开放以来，我国的海洋产业发展迅速，沿海各省区都把加速发展海洋作为新的经济增长点，海洋产业已经成为沿海经济的重点工作。从20世纪80年代至21世纪初，全国主要海洋产业总产值翻了5翻。

全国海洋资源开发利用有了很大发展。20世纪80年代以来，尤其是进入90年代后，海洋产业发展迅速，海洋经济的增长速度大大超过我国国民经济的增长速度，达到20%以上。2017年，我国海洋生产总产值达到77611亿元，占国内生产总值的9.4%；海洋经济占沿海地区生产总值比重接近17%，对沿海地区经济发展起到了重要的推动作用。此外，海洋能、海水直接利用技术也取得了突破性的进展。

二、海洋资源的破坏和污染

海洋环境和海洋生态系统在维持全球气候稳定和生态平衡方面起着极其重要的作用。海洋生物资源及海洋鱼类是人类食物的一个重要组成部分。据估计，全世界有9.5亿人（大部分在发展中国家）把鱼作为蛋白质的主要来源。因此，保护海洋就是保护人类自己。但是，近几十年来，人类活动中造成过多温室气体的排放、海洋生物资源过度利用和海洋污染日趋严重，全球范围的海洋环境质量和海洋生产力正在退化，已经威胁到海洋生态系统和沿海人类的生计。

1. 海洋酸化对地球的威胁

近几十年来，由于人类活动加剧，排放过量的二氧化碳，既造成了地球的"温室效应"，又使海洋吸收了过多的二氧化碳，海洋正在以前所未有的速度酸化，继而产生了一系列的海洋环境问题，海洋已经"生病"了。

（1）加剧的海洋酸化

海洋酸化是指由于海洋吸收大气中过量二氧化碳（CO_2），使海水逐渐变酸。据美国网站报道，美国研究人员研究指出，海洋每年通过吸收大气中过剩的80亿吨温室气体，帮助缓解了全球变暖的趋势，然而海洋却为此付出了高昂的代价，这些额外增加的二氧化碳正在改变海水的化学结构，加重它的酸度程度，破坏海洋生物的生存环境。

美国《科学》杂志2015年4月10日发表的一项新研究显示，海洋酸化可能是造成2.5亿年前地球上生物大灭绝的"元凶"。由英国爱丁堡大学领衔的这项研究发现，当时西伯利亚火山猛烈喷发，释放出大量二氧化碳，导致海洋变酸，结果地球上90%的海洋生物与2/3的陆地生物灭绝。这也是地球史上5次生物大灭绝中规模最大的一次。

专家警告说，由于二氧化碳给海洋带来如此巨大的变化，它可能会影响到依靠海洋获取食物和资源的人们的生活。海洋的酸度将达到贝壳都会开始溶解的程度，当贝类生物消失时，以这类生物为食的其他生物将不得不寻找别的食物，事实上人类将会遭殃。联合国粮农组织估计，全球有5亿多人依靠捕鱼和水产养殖作为蛋白质摄入和经济收入的来源，对其中最贫穷的4亿人来说，鱼类提供了他们每日所需的大约一半动物蛋白和微量元素。海水的酸化对海洋生物的影响必将危及沿海这些人口的生计。

（2）珊瑚礁的严重破坏

在广阔的海洋中，大量各色各样的珊瑚使水下世界更加绚丽多彩。珊瑚礁存在至今大约有5亿年的时间，它们不仅具有生态价值，而且具有极高的经济价值，被人们称为"海洋中的热带雨林"。因为珊瑚礁能减少海潮对海岸和岛屿的冲击和侵蚀，对海岸和岛屿有良好的保护作用。在已知的16万种海洋生物中，约有6万种生活在珊瑚礁中，构成了一个生物多样性极高的顶级生物群落。

据2004年来自96个国家的240位专家对珊瑚礁状况的研究报告，全球20%的珊瑚礁已经遭到无法逆转的严重破坏，而另外50%的珊瑚礁也接近崩溃边缘。如果不采取行动，全球变暖将导致全球珊瑚礁的最终死亡（图2-25和图2-26）。科学家们预测，发生在1998年波及全球16%的大面积珊瑚礁被漂白事件，在未来50年里会时常发生。

图 2-25　美丽的珊瑚礁
（见文后彩图 2-25）

图 2-26　被破坏的珊瑚礁
（见文后彩图 2-26）

当海水变热时，珊瑚会释放体内的海藻，而这就导致珊瑚礁被漂白，从而导致珊瑚礁死亡或者退化。同样，溶解在海水里的二氧化碳浓度的增加将导致海水酸度增加，而这将减缓石灰化——即珊瑚礁形成的速度。有关专家指出，到21世纪中叶，二氧化碳的排放量可能会达到目前的两倍，珊瑚礁的石灰化程度可能要降低40%。

2. 海洋污染及危害

人类活动产生的大部分废物和污染物最终都进入了海洋，使得海洋污染越来越严重。目前，每年都有数十亿吨的淤泥、污水、工业垃圾和化工废物等直接流入海洋，河流每年也将近百亿吨的淤泥和废物带入沿海水域，造成不同程度的海洋污染。从总体上看，海洋污染主要表现在以下几个方面：

① 世界沿海水域大部分已遭受污染，公海则相对清洁。

② 分布最广、影响最大的污染源是排放的污水和土地开垦及侵蚀的沉积物。

③ 沿海开发和污染对湿地、红树林、珊瑚礁和沙丘的破坏，改变了沿海生境，使动物的栖息地和繁殖地遭到破坏，威胁到许多地区鱼类和其他野生生物。

④ 船舶、钻井平台原油泄漏和农药等有机合成物的流失，造成区域性污染。近几十年来，在石油钻探、开采、运输过程中都有一部分石油流失到周围环境中。大型油轮失事，常常流失原油几万吨至几十万吨进入海洋，使优美纯净的海洋环境及资源受到严重污染。

⑤ 海洋垃圾中的塑料、废弃渔网和石油泄漏形成的固体废物等对海鸟和海洋哺乳动物造成很大危害。

⑥ 世界各国，主要是欧美等发达国家对排入海洋的部分污水进行了处理。但从全球来看，有大量污水经河流直接排入了海洋，造成世界许多沿海水域，特别是一些封闭和半封闭的海湾和港湾出现富营养化，过量的氮、磷等营养物造成藻类和其他水生植物的迅速生长，发生由有毒藻类构成的赤潮。赤潮往往很快蔓延，造成鱼类死亡，贝类中毒，给沿海养殖业带来毁灭性影响。

赤潮，又名红潮，它是海洋灾害的一种，是指在特定的环境条件下，海水中某些浮游植物、原生动物或细菌爆发性增殖或高度聚集而引起水体变色的一种有害生态现象。大量含有各种含氮有机物的废污水排入海水中，促使海水富营养化，这是赤潮藻类能够大量繁殖的重要物质基础。发生赤潮时，通常根据引发赤潮生物的数量、种类而使得海洋水体呈红、黄、绿和褐色等。

目前，赤潮已经成为一种世界性的公害，世界上已有30多个国家和地区不同程度地受到过赤潮的危害，日本是受害最严重的国家之一。近十几年来，由于海洋污染日益加剧，我国赤潮灾害也有加重的趋势，由分散的少数海域，发展到成片海域，一些重要的养殖基地受害尤重（图2-27）。

图2-27 赤潮
（见文后彩图2-27）

赤潮的危害主要有：一是大量赤潮生物集聚于鱼类的鳃部，使鱼类因缺氧而窒息死亡；二是赤潮生物死亡后，藻体在分解过程中大量消耗水中的溶解氧，导致鱼类及其他海洋生物因缺氧死亡，同时还会释放出大量有害气体和毒素，严重污染海洋环境，使海洋的正常生态系统遭到严重的破坏；三是鱼类吞食大量有毒藻类，导致鱼类死亡。

3. 海洋生物资源过度利用

海洋生物资源及海洋鱼类是人类食物的一个重要组成部分，据估计，全世界有9.5亿人把鱼作为蛋白质的主要来源。但是，近几十年来，海洋生物资源被人类过度利用以及海洋污染日益严重，可能导致全球范围的海洋环境质量和海洋生产力退化。在1950—1990年期间，海洋捕捞量差不多翻了五番，达到8600万吨，联合国粮农组织1993年估计，2/3以上的海洋鱼类被最大限度或过度捕捞，特别是25%的鱼类，由于过度捕捞，已经灭绝或濒临灭绝，另有44%的鱼类的捕捞已达到生物极限。海洋鱼类过度捕捞不仅使海洋捕捞量陷于停滞，也使捕捞结构发生变化，高价值鱼类减少，处于食物链低层次的低价值鱼类增多。

另外，由于海洋污染造成鱼类、贝类等生物体内石油烃、重金属、DDT等人工合成有机物的残留，严重影响了海洋生物资源的安全性。

三、控制海洋污染的国际行动

在控制海洋资源危机和海洋污染方面，国际社会采取了大量行动，制订了大量双边和多边国际条约，在有关国际组织和有关国家的共同参与下，采取了一些重要的国际合作行动。

欧洲是国际河流湖泊制度的发源地，19世纪初就宣布莱茵河等几条河流国际化。20世纪50年代以后，有关国际河流的条约遍及各大洲，除缔结了大量有关国际河流的双边条约外，还产生了一些重要的多边条约，涉及航行、分配用水、控制污染和保护流域生态资源等各个方面。例如，1976年法、德、荷、瑞士等国签订了《保护莱茵河不受化学污染公约》；1978年亚马孙流域8国签订《亚马孙河合作条约》，宣布为保护亚马孙河地区的生态环境而共同努力。

保护海洋环境的国际行动是从防止海洋石油污染开始的。1954年制订了第一个保护海洋环境的全球性《国际防止海上油污公约》。20世纪60年代以后，先后制订了《国际干预公海油污事故公约》《国际油污损害民事责任公约》《国际防止船舶造成污染公约》等，完善了控制船舶造成污染的国际法律制度及污染损害赔偿制度。1972年，在伦敦通过了第一部控制海洋倾废的全球性公约，即《防止倾倒废弃物及其他物质污染海洋的公约》。在海洋资源保护方面，1946年制订了"国际捕鲸管制公约"，规定设立了国际捕鲸委员会。1958年在日内瓦召开的第一次联合国海洋法会议通过了"捕鱼与养护公海生物资源公约"，对海洋生物资源保护作了比较全面的规定。1982年4月，第三次联合国海洋法会议经过近10年的讨论，以压倒多数通过了《联合国海洋法公约》，其中对海洋环境保护作了全面系统的规定。在沿海各国的共同努力下，先后就北海、波罗的海、地中海、中非和西非海域、红海和亚丁湾、东南太平洋区域、加勒比海、东非海域、东南亚地区等制订了一系列海洋环境保护条约和关于区域合作的行动计划。

我国积极参与海洋保护的国际合作，为保护全球海洋环境这一人类共同事业做出了不懈努力。先后发布了《中国21世纪议程——中国21世纪人口、环境与发展白皮书》和《中华人民共和国海洋环境保护法》，使得海洋环境管理有法可依。与国际合作，建立了大海洋生态系统监测与保护体系和环境预报体系；建立了合理的自然保护区网络，并融入国际海洋自然保护区网络；加强生物物种和生态环境的保护，维护海洋生态系统的良好状态，形成良好的国际合作机制。

复习思考题

1. 什么叫海洋资源？海洋资源主要包括哪些？
2. 当前海洋环境存在哪些问题？
3. 你认为如何才能保护海洋？控制好海洋污染？

本节实验安排

实验活动一　蒸馏法海水淡化实验

一、实验背景

海水脱盐生产淡水，是指将海水中的多余盐分和矿物质去除得到淡水的过程。它可以增加淡水总量，保证沿海居民饮用水、农业用水等，溶质氯化钠等还可以作为化工原料副产品被生产出来。地球上淡水量只占地球总水量的3%，这其中还有2%保存在两极冰川中，所以能够供人类使用的淡水只占总水量的1%左右，海水占总量的97%，但不能直接饮用。同时淡水区域分布不均匀，加之大量的淡水资源被滥用、浪费和污染，致使世界上缺水现象十分普遍，全球淡水危机日益严重。我国也是世界上13个缺水最严重的国家之一，随着地球上人口的激增，生产的迅速发展，淡水比以往任何时候都要珍贵，海水淡化是解决这一问题的根本途径。

二、实验原理

根据物质的分离过程，海水的淡化可以采取蒸馏法、冷冻法等。蒸馏法淡化海水是将海水加热蒸发，再使蒸气冷凝得到淡水的过程。海水中混有氯化钠、氯化镁等多种溶质混合物，当把海水加热蒸发时，由于氯化钠等杂质不易从溶液中蒸发出来，留在了溶液中，水变为水蒸气蒸发再冷凝为液体，这样就实现了海水的淡化过程。蒸馏是分离和提纯液态或液固混合物常用的方法之一。应用这一方法可以把沸点不同的物质从混合物中分离出来，还可以把混在液体里的杂质去掉。

蒸馏方法最易除去的是蒸气压低的无机和有机盐类。分为两种情况：一种是液体里含有不挥发性杂质，通过蒸馏把混在液体里的杂质去掉，如制蒸馏水，这种蒸馏是比较简单的；另一种情况是可以互溶且都具有挥发性的两种或几种液体组成的溶液，用蒸馏方法分离就比较复杂了，必须经过反复蒸馏和冷凝（称为精馏或分馏），才能将溶液分离成纯组分。

三、实验仪器和药品

仪器：150mL支管蒸馏烧瓶、温度计、单孔塞、冷凝管、胶管、牛角管、锥形瓶、铁架台、酒精灯、碎瓷片（沸石）。

药品：海水、硝酸银溶液。

四、实验步骤

1．组装蒸馏装置（图2-28），检查装置的气密性。

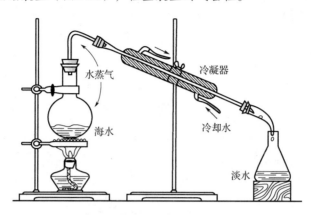

图 2-28 蒸馏装置

2．将50mL左右海水倒入烧瓶中（约加到烧瓶的1/3～1/2处），加少量碎瓷片，连接好装置。打开水管进行冷凝，加热蒸馏，在锥形瓶中得到无色液体即蒸馏水。

3．停止加热，冷却后拆除装置。

4．另取两个试管，一个加入少量海水，一个加入蒸馏得到的蒸馏水，分别向两试管中加入硝酸银溶液，观察两支试管现象。

实验活动二　从海洋植物中提取碘

一、实验背景

碘是人类生命活动中极为重要的微量元素之一。人体吸收的碘主要来源于海洋生物，尤其是资源丰富的海带。因此，对海带中碘元素的提取无论是对人类生活还是对海带成分的分析都具有重要的意义。从海带中提取碘的实验是化学中重要的实验之一。

二、实验目的

1．掌握萃取、过滤的操作及有关原理。

2．了解从海带中提取碘的过程。

3．了解从海洋资源中提取化工产品的知识。

三、实验原理

海带中含有多种物质混合物，其中含有丰富的碘元素，碘元素在其中主要的存在形式为化合态，例如，碘化钾及碘化钠。为了使碘元素与其他有机物质分离，可先将海带烧成灰，把海带中的碘转化为无机质，加水把碘的化合物转移到水溶液中。燃烧时加一些酒精是为了使其燃烧更加充分。

由于碘离子具有较强的还原性，可被一些氧化剂（如氯水、过氧化氢等）氧化生成碘单质：

$$2I^- + 2H^+ + H_2O_2 = I_2 + 2H_2O$$

生成的碘单质在四氯化碳中的溶解度大约是在水中溶解度的85倍，且四氯化碳与水互不相溶，因此可用四氯化碳把生成的碘单质从水溶液中萃取出来，然后用分液漏斗进行萃取分离。

实验流程见图2-29。

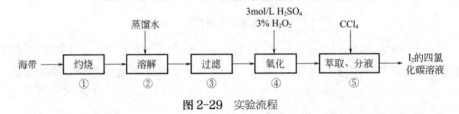

图2-29 实验流程

四、实验仪器和药品

仪器：烧杯、试管、坩埚、坩埚钳、铁架台、泥三角、玻璃棒、量筒、酒精灯、胶头滴管、数字台秤、刷子、剪头、漏斗、滤纸等。

药品：干海带、3mol/L硫酸、3%过氧化氢、酒精、蒸馏水、四氯化碳、淀粉溶液等。

五、实验步骤

1．称取5g干海带，用刷子把干海带表面的附着物刷净（不要用水洗），将海带剪碎，酒精润湿（便于灼烧）后，放在坩埚中。

2．用酒精灯灼烧盛有海带的坩埚，至海带完全烧成灰，停止加热，冷却。

3．将海带灰转移到小烧杯中，再向烧杯中加入15mL蒸馏水，搅拌，煮沸5～10min（见图2-30），使可溶物溶解，过滤（见图2-31）。

4．向滤液中滴加几滴硫酸，再加入约1mL 3%过氧化氢溶液，应观察到溶液由无色变为棕褐色。

5．取少量上述滤液放入小试管中，滴加几滴淀粉，观察现象，溶液应变为蓝色。

6．将滤液放入分液漏斗中，再加入1～2mL四氯化碳，振荡，静置，观察现象。下层四氯化碳层为紫红色，上层水层基本无色（见图2-32）。

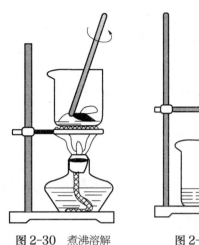 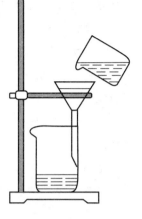 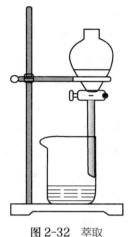

图 2-30　煮沸溶解　　　　图 2-31　过滤　　　　图 2-32　萃取

六、实验说明

1．碘在酒精中的溶解度大于在水中的溶解度，萃取碘不可使用酒精，因为酒精和水可任意混溶，达不到萃取的目的。

2．萃取实验中，要使碘尽可能全部地转移到四氯化碳中，应加入适量的萃取剂，同时可采取多次萃取的方法。

3．过氧化氢加酸是因为过氧化氢在酸性介质中氧化性强，如用其他氧化剂如氯水氧化碘离子也可以，但无论何种氧化剂，取用量要适宜，不要过量，否则生成的单质碘会继续与氧化剂反应生成碘酸根离子。

4．要将萃取后碘的四氯化碳溶液分离，可以采取减压蒸馏的方法，将四氯化碳萃取剂分离出去。

海洋污染为什么更可怕？

海洋是人类宝贵的自然资源。随着工业的发展，排入大海的废物逐年增加。就拿石油来说，每年排入海洋的石油多达1亿吨，人们把海洋当作一个理所当然的无底的垃圾筒。从某种意义上说，海洋污染比湖泊河流的污染更为可怕。

人类产生的废物，不管是扩散到空气中，丢弃在陆地上，还是排放到水里，由于风吹、降水和江河径流，最终都进入海洋。海洋除了它本身的净化能力外，再没有其他场所可以迁移这些污染物，因此，海洋中的这些有毒有害物质就会通过食物链危害生物和人类。污染物还可以通过洋流长途输送，扩大危害面。

1989年3月美国埃克森公司"瓦尔德斯"号油轮在阿拉斯加威廉王子海湾触礁，近4万吨原油倾泻大海，石油覆盖了2600km²风景如画的海岸和附近水域。石油泄漏引起的短期破坏把人们的视线引到死去的鸟、鱼、海豚及其他全身沾满石油的动物，然而，由于人类对海洋的了解有限，许多长期后果还不能被人们知道，例如对水下生态系统的危害等。

海洋污染的控制比湖泊河流复杂得多，它不仅涉及个别水系和局部地区，而且涉及全世界各地，且海洋污染后不易治理，因而必须全球合作，重视保护和防止海洋污染。

有机锡——污染海洋的新罪犯

在大西洋沿岸的阿尔卡雄湾有一个法国的牡蛎养殖基地，1980年这里发生了引人注目的牡蛎大量死亡事件。这些牡蛎都是外壳变厚、身体紧缩而死。到1981年，这里养殖的牡蛎全部灭绝，法国的牡蛎价格也随之暴涨。在英国和美国等地，也发现贝类生物急剧消失，还看到螃蟹整天张开双钳，样子显得很奇怪。同年，在日本的伊予滩海岸发生了鱼类大量死亡事件，原因不明。

通过对死亡牡蛎的分析，从中检测出了称为三丁基锡（TBT）的有机锡化合物。以此为开端，在世界各地的海岸不断有此类污染出现。TBT的最大用途是作为"防污剂"，尤其是在海洋中，为了防止贝类和海草附着在船底和渔网上，TBT被当作涂料使用。这种使用途径及其他方面的用途使TBT最终污染海洋环境。于是，具有讽刺意味的是，被当做"防污剂"的TBT，却恰恰正是一种"污染剂"。

第三章 当代中国主要环境问题

本章主要介绍了我国当前雾霾的分布状况及形成原因，雾霾的危害及防治对策；水质的概念及水的自净作用，水的类别划分及水质标准；当前我国水污染现状、废水执行标准及污染防治技术和对策；我国固体废物的来源和分类，固体废物的污染现状、危害及污染防治对策；噪声的概念及其特点，噪声的危害及其监测评价方法，我国城市噪声允许标准及噪声污染的控制途径；简介了当前我国食品安全存在的问题及安全食品级别的划分，食品污染的危害及安全保证措施等。

第一节
雾 霾

空气是维系人类必不可缺的第一生存要素，而自从人类社会进入工业化以来，大范围出现空气污染的相关事件就从未间断。如，1952年的伦敦烟雾事件短短几天就造成数千人死亡，数万人住院治疗；洛杉矶光化学烟雾污染造成75%的市民患上红眼病；日本四日市哮喘病事件的爆发罪魁祸首也是该地弥散在空气中的化学颗粒及粉尘。发达国家经过长期艰难的治理，已经取得明显成效，空气质量大为改善。而我国自进入21世纪以来，经济飞速发展，但由此带来的环境问题也不容忽视。自2012年以来，我国雾霾现象经常出现。2013年1月份和12月份，我国分别爆发了两次大范围的重度雾霾事件，这两次雾霾事件波及全国十几个省市自治区，近半数人口受到影响（图3-1）。雾霾污染最为严重的中部和东部

图3-1　2013年2月18日雾霾笼罩下的北京

地区，一些城市甚至达到六级严重污染级别。这对我国人民群众的身心健康及公共秩序都造成极大的危害，已成为当前我国政府一项紧迫的重点工作。

一、几个名词解释

1. 总悬浮颗粒物TSP

总悬浮颗粒物是指悬浮在空气中，粒径≤100μm（微米）的颗粒物，它是大气质量评价中的一个通用的重要污染指标。总悬浮颗粒物可分为一次颗粒物和二次颗粒物。主要来源于燃料燃烧时产生的烟尘、生产加工过程中产生的粉尘、建筑和交通扬尘、风沙扬尘以及气态污染物经过复杂物理化学反应在空气中生成的相应的盐类颗粒。在我国甘肃、新疆、陕西、山西的大部分地区，河南、吉林、青海、宁夏、内蒙古、山东、四川、河北、辽宁的部分地区，总悬浮颗粒物污染较为严重。

2. 可吸入颗粒物，又称PM₁₀

可吸入颗粒物通常是指粒径在10 μm以下的颗粒物，其在环境空气中持续的时间很长，对人体健康和大气能见度的影响都很大。通常来自未铺沥青、水泥的路面上行驶的机动车，材料的破碎碾磨处理过程以及被风扬起的尘土。可吸入颗粒物被人吸入后，会积累在呼吸系统中，引发许多疾病，对人类危害大。可吸入颗粒物的浓度以每立方米空气中可吸入颗粒物的毫克数或微克数表示。国家环保总局1996年颁布修订的《环境空气质量标准》（GB 3095—1996）中将飘尘改称为可吸入颗粒物，作为正式大气环境质量标准。

3. 细颗粒物又称细粒、细颗粒、PM₂.₅

细颗粒物指环境空气中微粒直径≤2.5 μm的颗粒物。它能较长时间悬浮于空气中，在空气中含量浓度越高，就代表空气污染越严重。虽然PM₂.₅只是地球大气成分中含量很少的组分，但它对空气质量和能见度等有重要的影响。与较粗的大气颗粒物相比，PM₂.₅粒径小，面积大，活性强，易附带有毒、有害物质（例如重金属、微生物等），且在大气中的停留时间长、输送距离远，因而对人体健康和大气环境质量的影响更大。世界卫生组织（WHO）公布了有关空气污染的报告，报告指出，由细颗粒物（PM₂.₅）等导致的污染正在全球蔓延，每年约有300万人死于肺癌等相关疾病，空气污染"已成为人类健康所面临的最大环境风险"，而每年全球因此损失超过5万亿美元。

4. 雾

雾是由大量悬浮在近地面空气中的微小水滴或冰晶组成的气溶胶系统。多出现于秋冬季节（这也是2013年1月份和12月份全国大面积雾霾天气的原因之一），是近地面层空气中水汽凝结（或凝华）的产物。雾的存在会降低空气透明度，使能见度恶化。如果目标物的水平能见度降低到1000m以内，就将悬浮在近地面空气中的水汽凝结（或凝华）的天气现象称为雾。

5. 霾（mái）

霾，也称灰霾（香港称烟霞），是指悬浮在大气中的大量微小尘粒、烟粒或盐粒形成的集合体，使空气浑浊，水平能见度降低到10km以下的一种天气现象。霾的核心物质是空气中悬浮的灰尘颗粒，气象学上称为气溶胶颗粒。霾粒子的分布比较均匀，从$0.001\sim10\,\mu m$，平均直径大约在$1\sim2\,\mu m$，肉眼看不到空中飘浮的颗粒物。

霾与雾的区别在于发生霾时相对湿度不大，而雾的相对湿度是饱和的（若有大量凝结核存在，相对湿度达不到100%就可能出现饱和）。一般地，相对湿度小于80%时的大气浑浊视野模糊导致的能见度恶化是霾造成的，相对湿度大于90%时的大气浑浊视野模糊导致的能见度恶化是雾造成的，相对湿度介于80%～90%之间时的大气浑浊视野模糊导致的能见度恶化是霾和雾的混合物共同造成的，但其主要成分是霾。霾的厚度比雾厚，可达$1\sim3km$。霾与雾、云不一样，与晴空区之间没有明显的边界。

二、雾霾的主要成分及分布

1. 雾霾的概念

雾霾，是雾和霾的组合词。雾霾常见于城市。我国不少地区将雾并入霾一起作为灾害性天气现象进行预警预报，统称为"雾霾天气"。雾霾是特定气候条件与人类活动相互作用的结果。高密度人口的经济及社会活动必然会排放大量细颗粒物（$PM_{2.5}$），一旦排放超过大气循环能力和承载度，细颗粒物浓度将持续积聚，此时如果受静稳天气等影响，极易出现大范围的雾霾。2013年，"雾霾"成为年度关键词。这一年的1月，4次雾霾过程笼罩30个省（区、市），在北京，仅有5天不是雾霾天。有报告显示，中国最大的500个城市中，只有不到1%的城市达到世界卫生组织推荐的空气质量标准；与此同时，世界上污染最严重的10个城市有7个在中国。2014年1月4日，国家减灾办、民政部首次将危害健康的雾霾天气纳入2013年自然灾情进行通报。

2. 雾霾的主要成分

造成雾霾污染的成分很复杂，但其主要污染物为二氧化硫、氮氧化物和细颗粒物（$PM_{2.5}$），二氧化硫和氮氧化物为气态污染物，而导致雾霾污染严重的污染物则是$PM_{2.5}$，它们与雾气结合，让天空失去应有的自然颜色。汽车尾气排放大量的有毒颗粒，是城市产生雾霾的一大来源；不同耗油种类的车，其排放的有毒颗粒也有所不同，它们都能产生空气中有机物和病原体的载体；在湿度大的雾天，产生的大量一氧化氮和二氧化氮还会与水结合转化为二次颗粒污染物，导致雾霾更加严重。

3. 雾霾的分布状况

雾霾是世界工业化发展的产物，随着不同阶段工业经济发展，也产生了轻重不同的雾霾；早期的雾霾也为发达国家带来严重的危害，促使他们被迫治理和消除污染，并取得了显著的成效。如，英国人反思空气污染造成的苦果，催生了世界上第一部空气污染防治法案《清洁空气法》的出台；欧盟要求其成员国2012年空气不达标的天数不能超过35天，不然将面临4.5亿美元的巨额罚款。为了符合标准，早在2003年，伦敦市政府开始对进入市中心的私家车征收"拥堵费"；美国环保署在1997年7月率先提出将$PM_{2.5}$作为全国环境空气质量标准因子，美国公民可以对$PM_{2.5}$的标准监控程序进行监督，根据公布的全年监测统计和日常监测数据，参与所在州的环保机构举行的公共听证会；这些措施，对于治理雾霾起到了很好的效果。

现在，随着发展中国家的经济发展和世界产业结构的转移，雾霾在全球分布也发生了变化。2019年3月5日，国际环保组织发布了2018年全球城市空气质量$PM_{2.5}$排行榜，对具有统计数据意义的73个国家及地区共3000座城市的$PM_{2.5}$浓度进行了统计、分析和比较。结果显示，全球仍有64%的城市未能达到世界卫生组织《空气质量准则》中$PM_{2.5}$年平均浓度准则值（$10\,\mu g/m^3$）。空气质量较好的城市往往位于高收入国家，空气质量差的主要分布在中东、非洲、南亚和东南亚地区，其中中东地区城市和非洲地区城市100%的超标；99%的南亚地区城市、95%的东南亚地区城市、89%的东亚地区城市超标；数据显示：雾霾污染最重的孟加拉国获"状元宝座"，巴基斯坦和印度分别获得"榜眼"和"探花"，紧跟其后的为阿富汗和巴林；我国北京的$PM_{2.5}$年均浓度从2017年的58.8$\,\mu g/m^3$，下降到了2018年的50.9$\,\mu g/m^3$，由此，北京的全球排名也从84位下跌到了122位，成功跌出

"全球雾霾城市前100"，这主要是近几年我国政府对京津冀实行雾霾治理一票否决制强力度的成效。

三、雾霾PM$_{2.5}$来源及形成机理

1. 煤的燃烧产生的污染

煤和石油等化石燃料是目前主要的能量来源。然而，煤中除可燃的化学物质外，还有很多不易燃的矿物质，如铝土、硅酸盐等，这些物质夹带着没有完全燃烧的元素碳，形成细小固体颗粒并排放到空气中，即灰色的粉尘气溶胶——烟。

燃烧时煤中的硫转化为二氧化硫：

$$S + O_2 = SO_2$$

二氧化硫是无色有毒有刺激性气味的气体，它对大气环境的影响并没有停留在其自身的毒性，在潮湿的空气中，SO_2遇到水蒸气生成亚硫酸（H_2SO_3），亚硫酸继续与氧气反应生成硫酸：

$$SO_2 + H_2O = H_2SO_3$$

$$2H_2SO_3 + O_2 = 2H_2SO_4$$

以上是二氧化硫形成硫酸的一种途径，还有其他形成硫酸的途径：如，若二氧化硫遇到光化学产物臭氧（O_3）、过氧化氢（H_2O_2）等也可以生成硫酸：

$$3SO_2 + O_3 + 3H_2O = 3H_2SO_4$$

$$SO_2 + H_2O_2 = H_2SO_4$$

若硫酸随着雨水降落到地面，就是酸雨。若硫酸与水凝结成小液滴，形成微米级的颗粒飘浮在空中，再经过下面系列反应，就形成硫酸盐气溶胶，如：

$$H_2SO_4 + NH_3 = NH_4HSO_4$$

$$H_2SO_4 + 2NH_3 = （NH_4）_2SO_4$$

其中氨气来源于工业排放。这些小颗粒不吸收阳光，但它们对阳光有散射作用，使大气能见度降低。作为霾的一部分，硫酸盐气溶胶很稳定，四处飘散。可见二氧化硫不但自身有毒，还能形成雾霾的次生污染。

2. 石油产品的燃烧——汽车尾气排放产生的污染

汽油和柴油是广泛使用的汽车燃料，它们是数十种烃类化合物组成的混合物，燃油燃烧为汽车提供动力，但若燃烧过程中的供氧量不足，可产生一氧化碳以及没有完全燃烧的有机化合物和炭黑，它们从排气管排放到空气中，成为通常所说的挥发性有机化合物，包括不完全燃烧的有机分子和分子碎片，它成了

$PM_{2.5}$中的主要成分。燃油中的硫也会在燃烧后生成二氧化硫。

此外，汽车引擎还为形成含氮化合物创造了条件。空气中含有78%的氮气（N_2）和21%的氧气（O_2），虽然氮气比较稳定，但在一定条件下，如高温或高压放电的情况下，氮气可以与氧气发生反应生成一氧化氮。在车辆启动和发动机点火时，给压缩气缸中的氮气和氧气创造了"闪电高温"的条件，导致发生如下反应：

$$N_2 + O_2 = 2NO$$

不同于氮气，一氧化氮很活泼，极容易与氧气发生反应并最终转化为硝酸：

$$2NO + O_2 = 2NO_2$$

$$3NO_2 + H_2O = 2HNO_3 + NO$$

二氧化氮毒性高，是棕色、难闻的气体，它不仅对人类健康有严重危害，而且经过反应可转化为硝酸，在空气中经系列反应形成硝酸盐雾霾颗粒。

3. 建筑行业产生的污染

我国正处在高速发展的时期，建筑行业是环境颗粒物排放的一个重要来源。建筑物的建造、拆迁和翻修以及其他活动，诸如电焊、打孔、切割等都会增加环境中的颗粒物含量。在土地挖掘或地面找平时，伴随着颗粒物的释放，长期保留在土壤中的重金属和杀虫剂也可能被风带起。建筑行业中还有其他颗粒物，如建筑机械的柴油燃烧，混凝土中使用的黏结剂和添加剂等也可能产生有害的颗粒物。所以，近几年国家为治理京津冀雾霾而对京津冀及其周围区域的2+24个城市实行每年有半年的"封土行动"，其中建筑工地是主要停工行业。

此外，城市废弃物燃烧产生的颗粒物以及热电厂的燃料燃烧产生的颗粒物也对$PM_{2.5}$形成一定的贡献。

四、雾霾形成的原因

1. 污染物排放量大是形成雾霾的根本原因

从雾霾污染成分来看，$PM_{2.5}$是空气质量恶化的重要因子，但氮氧化物、二氧化硫等大气污染物都在起着作用。据环保部统计，我国国内有一半的$PM_{2.5}$不是来自污染源的直接排放，而是经过十分复杂的物理和化学过程而形成。随着经济社会的快速发展，以煤炭为主的能源消耗大幅攀升，机动车保有量急剧增加，经济发达地区氮氧化物和挥发性有机物排放量显著增长，$PM_{2.5}$污染加剧。尤其是北方到了秋冬季取暖燃烧煤量大幅度增加，如京津冀区域，这些使得污染物排放总量居高不下，为产生雾霾创造了根本条件。

2. 秋冬季极端不利的气象条件是形成雾霾的直接诱因

我国北方10—11月秋冬转化季节，受冷暖空气交汇影响，极易发生大雾天气。在这种情况下，将形成静风、静稳等不利气象条件，致使大气污染物不易扩散、容易积累，空气质量转差。2008—2010年同期均出现过类似污染过程，这是华北地区多年来的特有特征。尤其是2012年以来所出现的几次较长时间的雾霾天气，无一不是不利于大气污染物扩散的气象条件引起的；此气象特征主要表现在风速小、夜间大气层稳定、空气湿度上升，污染物易积累不易扩散，各类污染源排放的污染物难以扩散，在空气中持续积累，导致空气中的污染物浓度不断升高。

3. 思想意识及管理措施不到位，是形成雾霾的人为因素

改革开放这几十年，发展初期政府一度过于注重GDP，以牺牲环境换取经济发展，"违法成本低、守法成本高"的现象时有发生，致使我国环境污染和破坏日趋严重。 为此，国家制订了可持续发展战略，党的十八大将生态文明建设列入我国经济和社会发展的基本国策，特别是近几年国家实施的"京津冀"及周边地区大气污染综合治理攻坚行动，力度之大，前所未有，雾霾污染状况得到明显改观。

五、雾霾的危害

随着空气质量的恶化，雾霾天气日益增多，危害加重。出现雾霾天气时，空气相对湿度通常在60%以下，大量极细微的尘粒、烟粒、盐粒等均匀地浮游在空中，对人们的工作、生活和健康带来极大的危害。

1. 对人体的危害

由于雾霾中混有大量有毒有害的小颗粒，人在呼吸的时候就随着空气进入呼吸道和肺部，轻者会引起气管炎、肺炎等疾病，重者会导致更加严重的其他疾病。

2. 对工作、生活的危害

雾霾天气能见度低，给航空、铁路、海运、公路等各类交通运输行业造成影响，容易导致交通安全事故，扰乱了正常的工作生活秩序。

3. 形成酸雨

灰霾本质是细颗粒物污染，主要来自工业废气、汽车尾气等气体污染物经过一系列化学反应所形成二次污染物。灰霾组分中含水量很少，由硫酸、二氧化硫、二氧化氮等废气污染物形成酸雾却较多，含有可溶和不可溶污染物，浓度很

高，降水时易形成酸雨。

4. 农业减产

雾霾天气对农业也有不利影响。研究表明，污染严重时候，会影响太阳辐射，不利于农作物吸收太阳光，导致农作物减产。

六、雾霾的防治措施

1. 政府要完善法律法规，加强环境管理，严格执法，从源头上防止新污染源的产生

① 完善法律制度是解决包括雾霾在内的大气污染的根本途径，鉴于我国雾霾恶化的情况，可以修改《中华人民共和国大气污染防治法》等相关条款，以适应防治雾霾的需要；

② 调整能源结构，大力开发新能源，减少碳能源的消耗比例；

③ 对新、扩、改建项目严格实行"三同时"审批制度，杜绝新污染源的产生；

④ 加强环境保护执法力度，做到有法必依、执法必严、违法必究，让违法者付出代价。

2. 实行污染物总量控制，积极治理污染，确保现有污染源达标排放

按照"谁污染谁治理"的原则，要"倒逼"企业转型升级，优化产业结构；企业要推进清洁生产，靠科技的投入转变生产方式，使用天然气、太阳能等清洁能源，减少污染气体的排放，进而实现节能减排。

3. 大众参与的自我保护

要提倡全社会市民低碳生活，全民参与节能减排事业，每个人都应该增强减排意识。需要全面实施绿色转型，包括发展观念、生产和生活方式的转型。就每个公民而言，环境的清新需要每个人的力量。从自己开始，努力做到低碳生活、绿色出行、绿色消费，自觉减少污染物的排放。雾霾天气加强个人防护，减少或避免雾霾对个人的损害。

 复习思考题

1. 什么叫雾霾？它对人体有什么危害？

2．当雾霾天气出现时，谈谈你应该如何加强个人防护。

3．结合当前我国津京冀区域大面积雾霾状况，谈谈你对治理雾霾的看法。

 **本节实验安排**

实验活动一　雾霾天气的胶体实验

一、实验目的

理解和掌握大气组成具有胶体性质。

二、实验原理

雾霾是对大气中各种悬浮颗粒物含量超标的笼统表述，尤其是$PM_{2.5}$被认为是造成雾霾天气的元凶，它是分子直径≤2.5 μm的粒子的气溶胶。气溶胶是由固体或液体小质点分散并悬浮在气体介质中形成的胶体分散体系，又称气体分散体系；其分散相含有固体或液体小质点，直径大小为0.001～100 μm，分散介质为气体；气溶胶中的粒子具有很多特有的动力学性质、光学性质和电学性质。气溶胶具有胶体性质，能够发生丁达尔效应（图3-2）。

图3-2　丁达尔效应
（见文后彩图3-2）

三、实验步骤

在雾霾天气的夜晚用激光笔射向雾霾的大气中，观察丁达尔效应现象，并与非雾霾天气时进行同比实验对照，观察二者的丁达尔现象有何异同。

四、实验结论

根据实验现象解释产生的丁达尔现象及原因。

实验活动二　雾霾$PM_{2.5}$浓度差异实验

一、实验目的

1．学会使用$PM_{2.5}$雾霾测试仪的测试方法；

2．通过实地监测数据，理解不同地点及不同气象条件数据差异及原因。

二、实验仪器

空气质量检测器一台。

三、实验步骤

1．监测地点及监测时间的选择：监测地点可以选择在学校校内的室外环境和室内环境；学生也可在老师许可下选择自己家室外及室内等监测点。时间选择可根据天气变化情况选择在晴天及雾霾天气状况下各进行实时监测；监测样点选择每种状况下2～3个样点数据。

2．天气气象条件（监测时填写表3-1）

表3-1　天气气象条件

日期	温度/℃	风速/级	天气状况

3．监测数据记录（监测时填写表3-2）

表3-2　监测数据记录

时间（日-时-分）	室内/($\mu g/m^3$)	室外/($\mu g/m^3$)	实验地点

四、实验结果分析

依据上述监测时的气候情况及数据记录结果，进行数据分析，说明原因。

实验活动三　雾霾对植物花卉生长的影响

一、实验目的

理解和掌握雾霾$PM_{2.5}$对植物的危害。

二、实验用品

新鲜玫瑰花两株；体积适宜的由透明玻璃或无色塑料薄膜制作的密闭的空间。

三、实验步骤

1．将放入花盆中的两株新鲜的玫瑰花分别放入密闭容器中；

2．每天早、中、晚分三次向其中一个容器中充入高浓度香烟烟雾（雾霾）（图3-3），然后封口，另一个容器为对照实验；

3．每天观察花瓣生长情况，并记录；

4．持续几天，直至玫瑰花花瓣枯萎。

四、实验结果分析

根据实验现象，试述雾霾污染物对植物的影响。

图3-3 雾霾实验容器

 环境与我

雾为什么会置人于死地

1930年12月某天，比利时缪斯河谷地区数百位居民突然病倒，其中60人死亡。1948年10月末，美国1.4万人的工业小镇多诺拉一下有6000多人患病，17人死亡。究其原因，是大雾引起的。于是，"雾会杀人"便成为轰动一时的新闻。

雾为什么会致人死亡？首先，我们应了解雾是怎样形成的。当低层大气气温降低时，水气凝结成小水滴，悬浮在近地面的大气中，便形成了雾。其次，城市不断在排放污染物，若适逢大雾，则污染物中的某些污染物质便发生物理和化学反应，形成新的有害物质，其毒性往往比原污染物大得多。例如，二氧化硫在大气中被氧化，与雾滴结合成硫酸气溶胶，其对人体的危害程度比二氧化硫高出10倍以上，若再与光化学烟雾相遇，毒性则更加剧烈。

二氧化硫和二氧化碳均具有吸水性，容易形成大雾，而且不易散去，这样为病毒和细菌的生存及蔓延创造了有利条件。因此，大雾成了"杀人的凶手"。

为什么冬季雾霾天气比较多

$PM_{2.5}$浓度水平受污染源排放影响，即工业生产、机动车尾气排放、冬季取暖烧煤等都会导致大气环境中颗粒物浓度增加。此外，$PM_{2.5}$浓度还与特定的气象条件有密切的关系，存在明显的季节变化特征。

以北京为例，冬季$PM_{2.5}$平均浓度最高，秋季与春季次之，夏季平均浓度最低。在春季，北京$PM_{2.5}$主要来自北方的沙尘及周边地区农田秸秆焚烧的贡献；秋季则因太阳辐射强，大气氧化性增强，常发生光化学烟雾；夏季$PM_{2.5}$主要是周边地区的输入，虽然本地$PM_{2.5}$浓度也较高，但由于夏季降雨较频繁，有利于$PM_{2.5}$的清除，所以浓度在四个季节中最低。

北京冬季$PM_{2.5}$浓度出现最高值的主要原因有两个：一是本地污染物浓度高、强度大，冬季采暖燃烧量显著升高，以及由于气温降低使机动车尾气排放增加，导致$PM_{2.5}$浓度以及二氧化硫、氮氧化物等的排放量增加；二是气象条件不利于大气污染物扩散，地面逆温频率的增加使污染物在近地层不断积累，导致$PM_{2.5}$浓度达到最高值。

在全国范围内，冬季由于地面夜间的辐射降温明显，大气低空易出现逆温层，稳定类大气条件出现明显偏多，严重阻碍空气的水平输送和上下扩散，易造成污染物在近地面层的积聚，从而导致雾霾多发。其次，我国冬季气溶胶背景浓度高，特别是受取暖等的影响，污染物增多，有利于催生雾霾形成。雾霾天气会使近地层大气更加稳定，促进二氧化硫、氮氧化物二次颗粒物的转变，进一步加剧雾霾发展，加重大气污染。

还我蓝天

本溪，我国东北的著名钢城，曾经被称为"地球上消失的城市"。其实，本溪市并没有消失，只是本溪被烟雾所覆盖，成为世界上少数几个在地球卫星遥感照片上找不出来的城市。

本溪是个矿产资源丰富的工业城市，地处群山怀抱之中，以生产钢铁、煤炭、水泥为主。在20世纪七八十年代，被称为"煤铁之城"的本溪市，在狭小的43.2km^{2}的区域分布着420多家工厂，其中排污企业达到200多家。因过度的资源开采，使生态遭到很大破坏，全市经常处于烟雾弥漫、灰尘扑面、毒气害人的情况下。每年约有一半的时间大气能见度只有30～50m。在卫星拍摄的图片上是一片被厚浓烟尘笼罩的地方，也是世界上少数几个卫星找不到的城市。为此，中央领导十分关注。1978年9月13日，邓小平同志访问朝鲜归来途中，曾经专门停留本溪，对前来迎接他的本溪市领导同志风趣地说："你们把天空的云都染黑了"。

能说本溪市政府不重视吗？本溪市市长曾经意味深长地说："本溪人给全国送走了大量的铁、水泥和煤炭，也给自己留下了大量的烟尘和有害气体。"

市长的话流露出本溪人的苦衷。那"大量的"钢铁、煤炭、水泥是个怎样的数字？2亿5千万吨。如此生产量要排放多少废气、多少废水？本溪并不想消失在地球上！

在我国其他城市，大气污染也相当严重，真所谓"十个城市九个黑"。在每年冬季采暖季节，我国北方城市上空经常是烟雾笼罩，晴朗的天气屈指可数，能见度下降，给人们的生产、交通、生活和身体健康带来了很大的危害，许多城市的慢性支气管炎、哮喘，特别是肺癌显著增加。

燃烧煤是形成我国大气污染的主要原因，其污染危害主要集中在城市，是以颗粒物、二氧化硫为特征的煤烟型污染。从全国范围来看，大气污染北方高于南方，产煤区重于非产煤区，冬季重于夏季，早、晚重于中午。

还好，近几年来国家极为重视大气污染，特别是近几年出现的北方京津冀雾霾，引起了中央高层的重视。国务院正在实施的"24+2"城市综合整治，效果十分显著，使得雾霾天数逐渐减少。相信未来，在党中央、国务院领导下，我们既要金山银山，又有绿水青山。

第二节
水的自净作用及水质控制

水是地球上一切生命赖以生存、人类生活和生产不可缺少的基本物质之一。生命就是从水中发源的，而且依赖于水分才能维持。20世纪以来，由于世界各国工农业的迅速发展，城市人口的激增，缺水已成为当今世界许多国家面临的重大问题，引起了各国的重视和人们的关注。

一、自然界水的循环

自然界的水并不是静止不动的，它们在太阳能的作用下，通过海洋、湖泊、河流等广大水面以及土壤表面、植物茎叶的蒸发形成水汽，上升到空中凝结为云，在大气环流的作用下运送到各处。在适当的条件下，又以雨水、冰雪、雹等形式降落下来（图3-4）。这些降落下来的水分，在陆地上分成两路流动：一路在地面上汇集成江河湖泊，称为地面径流；另一路渗入地下，成为地下水，称为地下渗流。这两路水流有时相互交换，最后都注入海洋。与此同时，一部分水经过地面和水面的蒸发以及植物吸收后茎叶的蒸腾又进入大气圈中。这种川流不息、循环往复的降水、蒸发和径流三个水循环途径，决定着全球的水量平衡，也决定着一个地区的水资源总量。

图 3-4　自然界水循环图

但是，人类为了满足生活和生产的需要，要从各种天然水体中取得大量的水。这些生活和生产用水经过使用以后就成了生活污水和生产废水，它们被排放出来，流入了天然水体，构成了人类社会的一个局部水循环体系，也影响了局部地区的水资源平衡。

二、水体的自净作用

水体对污染物质都具有一定的承受能力，并使自己保持清洁，称之为水体的自净。水体的自净能力有一定的限度，排入水体中的污染物的数量超过某一界限时，将造成水体的污染，这一界限称为水体的自净容量或环境容量。水体的自净作用简单地说就是水体受到废水污染后，逐渐从不洁变清洁的过程。

水体自净的过程很复杂，按其自净机理可分为：①物理过程，主要为稀释、混合、扩散、挥发、沉淀等过程，污染物在这些过程的作用下浓度得以降低；②化学过程，化学物质通过氧化、还原、吸附、凝聚、中和等反应使其浓度降低；③生物过程，由于水体中微生物的代谢活动而使污染物质中的有机物被氧化分解为无害、稳定的无机物，使其浓度降低。

影响水体自净的因素很多，主要因素有：①水体的水文条件，如水温、流量、流速等都对水体的自净作用有很多影响，流速高、流量大则易于稀释扩散，水温高则加快物理、化学、生物的反应速率，有利于水体的自净；②水中的溶解氧的影响，水体的自净过程就是一个氧化过程，水体在未接纳污水前溶解氧充足，当受到污染后，由于有机物增加，好氧反应剧烈，耗氧超过溶解氧使水体中氧气浓度降低，当缺氧严重时，厌氧菌数量增多，分解有机物使水体变臭，水体恶化，失去自净能力；③水生生物的影响，水体中水生生物的种类和数量与自净有密切关系，微生物种类和数量越多，其自净速率越快；④污染物的性质的影响，有的污染物易于降解，有的则难以降解，化学稳定性极高，在自然界需要数十年才能完成分解，危害很大。河流水体自净作用示意图见图3-5。

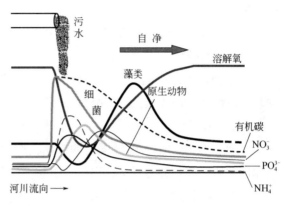

图3-5　河流水体自净作用示意图

三、水质及水质标准

1. 水质的概念

水质，即水的品质，是指水和其中所含的杂质共同表现出来的物理、化学和生物的综合特征。水中所含杂质按粒径大小可分为悬浮物、胶体和溶解物三类。悬浮物是由大分子尺寸的颗粒组成，粒径一般在10μm以上，易在水中下沉或上浮。其中，易于下沉的一般是大颗粒泥沙及矿物渣等，上浮的则多是体积大密度小的有机物。水中的胶体通常有黏土、细菌和病毒、蛋白质及其他有机质等，粒径尺寸较小，在水中长期静置也难以下沉，是稳定的分散体系。溶解物来源于无机物和有机物，一般指溶解于水中的无机低分子和离子，它们粒径尺寸很小，一般在1nm以下，与水构成外观透明均相体系的真溶液。

2. 水质指标

水质指标表示水中杂质的种类、成分和数量，是判断水质品质的具体衡量标准，可以用来反映水体中所含污染物质的多少，表示出水体受污染的程度。水质指标种类繁多，大致可分为以下三类。

① 物理性水质指标。主要是人的感官性指标，如温度、色度、嗅味、浑浊

度、透明度等。

②化学性水质指标。一般包括有机物和无机物指标、有毒化学性指标和氧平衡指标。

③生物性水质指标。一般包括细菌总数、总大肠菌群数、病毒及各种病原体细菌等。

现将上述中一些主要的水质指标简述如下。

（1）悬浮物

悬浮物是水体中固体物质的一种，如泥沙、黏土、藻类、细菌及其他不溶物，可用过滤法在滤纸上过滤测得。

（2）pH值

pH值是反映水中酸碱性强弱的指标，控制pH值对于保护水生生物的生长和水体自净功能都有重要意义，它可以用酸度计精确测定得到。

（3）有毒物质

有毒物质是水污染中一大类特别重要的物质，种类繁多，这类物质在水体中达到一定浓度后，对人体健康和生物的生长造成危害。如，氰化物是剧毒物质，大多数氰的衍生物的毒性更强，人一次口服0.1g左右的氰化钠（钾）就会致死。这类物质是水体监测、污水处理和排放中的重要水质指标。

（4）重金属类物质

一般把密度大于$5g/cm^3$的金属称为重金属，这类元素的部分物质具有生物毒性，尤其以汞、镉、铅、铬和砷（常称"五毒"金属）生物毒性最为明显，引起人们强烈关注。这类物质的毒性机理是：重金属进入水体后，可以通过离子的沉淀、吸附、配位络合、氧化还原等生成其他新物质，再通过食物链在生物体及人体内富集，使人慢性中毒。因此，水体中重金属的含量是环境质量标准中的重要指标之一。

（5）化学需氧量（COD）

用化学氧化剂重铬酸钾或高锰酸钾，在一定条件下将水中有机物氧化为水和二氧化碳时所消耗的氧化剂的量称为化学需氧量，分别用COD_{Cr}和COD_{Mn}表示。化学需氧量数值能够比较精确地表示水体中有机物的含量，它对有机物的氧化率可达80%～90%，化学需氧量越高，说明水中耗氧有机物含量越高，水体中有机物浓度越高，而且测定时间短，常做水体污染指标。

（6）大肠菌群数

大肠菌群数是指单位体积水中所含有的大肠菌群的数目，单位为个/L，它是常用的细菌学指标。大肠菌群是大量存在于大肠中的细菌，一般属于非致病菌。如在水体中检测出有大肠菌群，则表示水被粪便等所污染。

（7）油类物质

随着石油工业的发展，油类物质对水体的污染越来越严重。它包括石油类和动植物油两项。油类物质能在水面上形成隔膜，隔绝大气与水面，破坏水体的溶氧条件，降低水体的自净能力。

3. 水质标准

不同用途的水均应满足一定的水质要求，即水质标准。水质标准是国家、部门或地区规定的各种用水或排放水在物理、化学、生物学性质方面所应达到的要求。它是在水质基准基础上产生的具有法律效力的强制性法令，是判断水质是否适用的尺度，是水质规划目标和水质管理的技术基础。对于不同用途的水质，有不同的要求，国家《地表水环境质量标准》（GB 3838—2002）中规定，依据地表水使用目的和保护目标，我国地表水分五大类：

Ⅰ类：主要适用于源头水，国家自然保护区。

Ⅱ类：主要适用于集中式生活饮用水、地表水源地一级保护区，珍稀水生生物栖息地，鱼虾类产卵场，仔稚幼鱼的索饵场等。

Ⅲ类：主要适用于集中式生活饮用水、地表水源地二级保护区，鱼虾类越冬、洄游通道，水产养殖区等渔业水域及游泳区。

Ⅳ类：主要适用于一般工业用水区及人体非直接接触的娱乐用水区。

Ⅴ类：主要适用于农业用水区及一般景观要求水域。

上述各类水用途规定：

Ⅰ类水质：水质良好。地下水只需消毒处理，地表水经简易净化处理（如过滤）、消毒后即可供生活饮用者。

Ⅱ类水质：水质受轻度污染。经常规净化处理（如絮凝、沉淀、过滤、消毒等），其水质即可供生活饮用者。

Ⅲ类水质：适用于集中式生活饮用水源地二级保护区、一般鱼类保护区及游泳区。

Ⅳ类水质：适用于一般工业保护区及人体非直接接触的娱乐用水区。

Ⅴ类水质：适用于农业用水区及一般景观要求水域。

超过五类水质标准的水体基本上已无使用功能。

为满足上述五类不同用途的用水需要，国家制定出了不同的水质标准。例如，目前我国已制定、颁布了一系列水质标准，如《生活饮用水卫生标准》《污水综合排放标准》《城市供水水质标准》《农田灌溉水质标准》《地表水环境质量标准》以及《地下水质量标准》等，使水质管理有了法律依据。我国制订的各类水质标准名称及标准号见表3-3。

表3-3　我国各类水质标准

标准名称	标准号	标准名称	标准号
《生活饮用水卫生标准》	GB 5749—2006	《污水综合排放标准》	GB 8978—1996
《城市供水水质标准》	CJ/T 206—2005	《农田灌溉水质标准》	GB 5084—2005
《食品安全国家标准包装饮用水》	GB 19298—2014	《柠檬酸工业水污染物排放标准》	GB 19430—2013
《地表水环境质量标准》	GB 3838—2002	《城市污水再生利用景观环境用水水质》	GB/T 18921—2002
《地下水质量标准》	GB/T 14848—2017	《纺织染整工业水污染物排放标准》	GB 4287—2012
《污水排入城镇下水道水质标准》	GB/T 31962—2015	《味精工业污染物排放标准》	GB 19431—2004

随着经济社会和科技的发展，人们的要求不断提高，水质标准也在不断进行相应的修订和完善。如，我国饮用水水质标准发展史见表3-4。

表3-4　我国不同时期的饮用水质标准和规定

实施时间	发布部门	标准名称（文号）	级别	指标项目数
1927	上海市	《上海市饮用水清洁标准》	地方标准	
1937	北京市自来水公司	《水质标准表》	企业标准	11
1950	上海市	《上海市自来水水质标准》	地方标准	16
1955.5	卫生部	《自来水水质暂行标准》	行业标准	15
1956.12	国家建委、卫生部	《饮用水水质标准》	国家标准	15
1959.11	建工部、卫生部	《生活饮用水水质标准》	国家标准	17
1976.12	国家建委、卫生部	《生活饮用水卫生标准》（试行）（TJ 20—76）	国家标准	23
1986.10	卫生部	《生活饮用水卫生标准》（GB 5749—85）	国家标准	35
1991.5.3	全国爱委会、卫生部	农村实施《生活饮用水卫生标准》准则	国家标准	21
2000.3.1	建设部	《饮用净水水质标准》（CJ 94—1999）	行业标准	39
2001.9.1	卫生部	《生活饮用水卫生规范》	行业标准	96
2005.6.1	建设部	《城市供水水质标准》（CJ/T 206—2005）	行业标准	101
2005.10.1	建设部	《饮用净水水质标准》（CJ 94—2005）	行业标准	39

复习思考题

1. 天然水体中存在哪些物质？
2. 什么是水体的自净作用？自净作用的净化机理有哪几种？
3. 什么是水质标准？我国地表水水质标准分哪几类？

本节实验安排

实验活动一 水的常见理化指标的测定

一、水温的测定

水的物理化学性质与水温有着密切的关系。水中的溶解性气体（如氧气、二氧化碳等）的溶解度、水中生物和微生物的活动、pH值、碳酸钙饱和度都受水温变化的影响。所以，水温测定是化学实验及监测的基本项目，一般在现场用于地表水、污水等浅层水温的测定。

1. 实验仪器：水温温度计。

2. 实验步骤：在现场将水温温度计插入一定深度的水中，放置5min后，迅速提出水面并读取温度值。当气温与水温相差较大时，尤应注意立即读数，避免受气温的影响。必要时，重复插入水中，再一次读数。

3. 注意事项：①在冬季由于气温较低，读数应在3s内完成，否则水温计上表面形成一层薄冰，影响读数的准确性；②当现场气温高于35℃或低于-30℃时，水温计在水中要适当延长，以达到温度平衡。

二、色度的测定——稀释位数法

纯水为无色透明的液体；清洁水在水层浅时应为无色，深时为浅绿色。天然水中存在的泥土、浮游生物、铁锰等金属离子，都可以使水体变色。工业废水中常含有大量的染料、色素等而使水体着色。有色废水常给人以不愉快感，排入环境后减弱水体的透光性，影响水生生物的生长。

水的色度单位是"度"。测定方法有铂钴标准比色法和稀释倍数法两种。对工业废水和受工业废水污染的地表水，可用稀释倍数法测定色的强度，并用文字描述颜色的种类和深浅程度。本实验采用稀释倍数法测定色度。

1. 实验原理：为说明废水的颜色种类，如深蓝色、棕黄色、浅红色等，可用文字描述。采用稀释倍数测定色度的方法为将待测样品按一定的稀释倍数，用水稀释到接近无色，记录稀释倍数，以此表示该水样的色度，单位为倍。如测定的水样有悬浮物等应将水样用滤纸过滤取上层清液进行实验测定。

2．实验仪器：50mL具塞比色管若干、移液管、烧杯等。

3．实验步骤：①取100～150mL澄清的水样置于烧杯中，以白色瓷板或白纸片为背景，实验观察并描述水样的颜色种类；②分取澄清的水样，用水稀释成不同的倍数，分别取50mL置于比色管中，管底部衬一白瓷板或一张白纸，由上向下观察稀释后水样的颜色，并与蒸馏水相比较，直至刚好看不出颜色，记录此时的稀释倍数，即为色度倍数值。

三、臭味——文字描述法

臭是检验原水和处理水质的必测项目之一。无色无臭的水虽不能保证其不含污染物，但有利于使用者对水质的信任。水中的臭，主要是由于生活污水和工业废水污染、天然物质分解或微生物生命活动的结果。

1．实验原理：水样采集后，要在6h内完成臭的检验，检验人员依靠自己的嗅觉，分别在20℃和煮沸后稍冷闻其味，用适当的词句描述臭特征，并按6个等级报告臭强度。

方法适用范围：适用于天然水、饮用水、生活污水和工业废水中臭的检验。

2．实验仪器：1000W可控电炉、0～100℃温度计、250mL锥形瓶。

3．实验试剂：无臭水、去离子水、水样。

4．实验步骤：①量取100mL水样置于250mL锥形瓶内，根据外界环境温度状况用温水或冷水在瓶内调节水温至20℃±2℃，振荡瓶内水样，从瓶口闻水的气味。必要时，可用无臭水对照。用适当的文字描述臭的特征，并记录其强度。

5．实验结果：实验结果可用臭强度表（表3-5）进行描述。

表3-5　臭强度表

等级	强度	说明
0	无	无任何气味
1	微弱	一般饮用者难以察觉，嗅觉敏感者可以察觉
2	弱	一般饮用者刚能察觉
3	明显	已能明显察觉，不处理不能饮用
4	强	有很明显的臭味
5	很强	有强烈的恶臭

注：本法属于粗略的检臭法，因各人对嗅觉感受程度不同，所得结果会有一定出入。

四、pH值测定——复合电极法

天然水的pH值多在6～9的范围内，因此，我国污水排放标准中的pH值就定在这个控制范围。pH值是检验水中最重要的检测项目之一，本实验采用pH计测定。

1．实验原理：pH值测量采用复合电极法，即以玻璃电极作为指示电极，以银/氯化银作为参比电极合在一起组成pH复合电极的pH计测定。该仪器常用于水质监测，可准确到0.1pH单位，较精确的仪器可精确到0.01pH单位。为了提高测定的准确性，校准仪器时选用标准缓冲溶液，其选定的浓度应与水样的pH值接近。

2．实验仪器：pH计、二支复合玻璃电极、100mL烧杯。

3．实验药品：去离子水、pH值在4～10的一组缓冲溶液（如pH=4.00、7.00、10.00，用于校准仪器）。

4．实验步骤：①将水样倒入干净的100mL的烧杯中；②测量前用缓冲溶液校准仪器（参考仪器使用说明书校准）；③打开仪器开关，按照说明书操作步骤，先用去离子水仔细冲洗电极，用吸水纸吸干，把电极伸入水样中，轻轻摇动使水样浓度尽量均匀；待读数稳定后记录pH值。

5．注意事项：①仪器使用前需先打开预热；②测定时，二个复合电极必须插入水样中；③使用前要仔细查看仪器使用说明书。

五、酸度——酸碱指示剂滴定法

地表水中，由于溶有二氧化碳或化工等一些行业排放的含酸废水，致使水体的pH值降低，破坏了鱼类及其他水生生物和农作物的正常生存条件，造成鱼类和农作物死亡。因此，酸度是衡量水体变化的一项重要指标。

1．实验原理：在水中，由于溶质的离解或水解而产生的氢离子与碱标准溶液作用至一定pH值（视为终点）所消耗的量，即为酸度。酸度的数值大小与滴定时所选用的指示剂指示达到滴定终点时pH值的不同而有一定差异。如，选用酚酞指示剂的滴定终点为pH=8.3，甲基橙作指示剂的滴定终点为pH=3.7。本实验采用酚酞作滴定指示剂，以mol/L作为酸度计算单位。

2．实验仪器：25mL滴定管、250mL锥形瓶、吸量管、吸耳球等。

3．实验药品：水样、氢氧化钠标准溶液（老师提前标定好，浓度在0.1mol/L左右）、0.5%酚酞指示剂、新制的蒸馏水。

4．实验步骤：准确量取20.00mL水样，用无二氧化碳水适量稀释，然后向锥形瓶中加入2滴酚酞溶液，用氢氧化钠标准溶液滴定至溶液刚好变为浅红色至

在实验室中学环保

30s（图3-6）不褪色视为滴定终点，记录所用氢氧化钠标准溶液的量$V_{氢氧化钠}$（mL）。

5．实验数据计算：

根据公式 $C_{水样}V_{水样}=C_{氢氧化钠}V_{氢氧化钠}$

其中$V_{水样}$=20.00mL；$C_{氢氧化钠}$为标准溶液的浓度，mol/L；$V_{氢氧化钠}$为滴定过程中所消耗的氢氧化钠标准溶液的体积数，mL。现求出$C_{水样}$值，单位为mol/L。

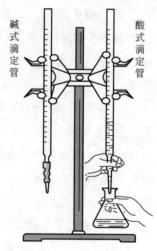

图3-6　滴定管台

实验活动二　水中溶解氧的测定（碘量法）

溶解在水中的分子态的氧称为溶解氧。天然水的溶解氧含量取决于水体与大气中氧的平衡，与空气中氧的分压、大气压力和水温有密切关系。清洁水一般氧气接近饱和，但由于水体常受有机及无机还原性物质的污染，消耗水中溶解氧，如果大气中的氧气来不及补充，水中的溶解氧浓度降低，此时水中厌氧菌繁殖，水体恶化，导致鱼类等水生动物死亡。因此，溶解氧是评价水质的重要指标之一。

一、实验原理

水样中加入硫酸锰和碱性碘化钾，水中的溶解氧将低价态锰氧化成高价态锰，生成四价锰的氢氧化物棕色沉淀，加酸后，氢氧化锰沉淀溶解并与碘离子反应释放出游离碘。然后，以淀粉作指示剂，用硫代硫酸钠溶液滴定释放出的碘，即可计算出溶解氧的含量。其反应如下：

$$MnSO_4 + 2NaOH \longrightarrow Mn(OH)_2\downarrow（白色）+ Na_2SO_4$$
$$2\,Mn(OH)_2 + O_2 \longrightarrow 2MnO(OH)_2\downarrow（棕色）$$
$$MnO(OH)_2 + 2\,H_2SO_4 \longrightarrow Mn(SO_4)_2 + 3H_2O$$
$$Mn(SO_4)_2 + 2KI \longrightarrow MnSO_4 + K_2SO_4 + I_2$$
$$2Na_2S_2O_3 + I_2 \longrightarrow Na_2S_4O_6 + 2NaI$$

二、实验仪器

25mL滴定管、250mL锥形瓶及250mL碘量瓶、吸量管、烧杯、吸耳球等。

三、实验药品

1．硫酸锰溶液：称取4.8g含四个结晶水的硫酸锰或者3.64g含一个结晶水的硫酸锰置于烧杯中，使之溶于水，稀释至10mL（使溶液中不含高价锰。检验方法：将此溶液加到酸化过的碘化钾溶液中，遇淀粉不产生蓝色即可）。

2．碱性碘化钾溶液：称取500g氢氧化钠溶液溶解于300～400mL水中，另称取150g碘化钾溶于250mL水中，待氢氧化钠溶液冷却后，将两溶液合并，混匀，用水稀释至1000mL。如有沉淀，则放置过夜，倒出上清液，储存于黑色瓶中盖紧瓶盖，避光保存。此溶液酸化后，遇碱不应呈现蓝色。

3．（1+5）硫酸溶液（约3mol/L）：将1体积浓硫酸在搅拌下缓慢加入到5体积的去离子水中。

4．1%淀粉溶液：称取0.2g可溶性淀粉，用水调成糊类，加入到20mL水中，煮沸至溶液澄清即可，现用现配。

5．硫代硫酸钠标准溶液的配制（约0.01mol/L）：称取0.8g含5个结晶水的硫代硫酸钠溶于新煮沸并放冷的水中，加入0.1g无水碳酸钠，用水稀释至250mL，储存于棕色瓶中，使用前用0.02500 mol/L重铬酸钾标准溶液标定（标定方法附后）。

四、实验步骤

1．水样采集：最好现场采集，立即测定；如果采集后时间较长，需要将水样充满溶解氧瓶内并加入固定剂防止溶解氧变化。

2．用吸量管插入注满水样的溶解氧瓶（一般瓶内体积为250mL）的液面下，加入 1mL硫酸锰溶液、2mL碱性碘化钾溶液。盖好瓶塞，颠倒混合数次，静置。待棕色沉淀物降至瓶内一半时，再颠倒混合一次，待沉淀物下降到瓶底。

3．轻轻打开瓶塞，立即用吸量管插入液面下加入2.0mL浓硫酸，小心盖好瓶塞，颠倒混合摇匀至沉淀物全部溶解为止，放置于暗处5min。

4．吸取100.0mL经过上述处理的溶液于250mL锥形瓶中，用已经标定过的硫代硫酸钠标准溶液滴定至溶液呈淡黄色，加入1%淀粉溶液1mL，继续滴定至蓝色刚好褪去为止，记录硫代硫酸钠的用量。

五、实验数据计算

根据上述原理中化学反应式，可知溶解氧与硫代硫酸钠存在着以下对应关系：

$$O_2 \rightarrow 2\,MnO(OH)_2 \rightarrow 2Mn(SO_4)_2 \rightarrow 4KI \rightarrow 2I_2 \rightarrow 4Na_2S_2O_3$$

即：$O_2 \rightarrow 4Na_2S_2O_3$

因此，溶解氧（O_2，mg/L）$=\dfrac{CV \times 8 \times 1000}{100}$

式中　C——硫代硫酸钠溶液的浓度，mol/L；

V——测定时消耗硫代硫酸钠的体积，mL。

附：硫代硫酸钠标准溶液的标定方法

1. 配制重铬酸钾标准溶液（1/6K₂Cr₂O₇）0.02500 mol/L：称取于105～110℃烘干2h并冷却的优级纯重铬酸钾1.2258g，溶于水；移入1000mL容量瓶中用水稀释至标线、摇匀即可。

2. 硫代硫酸钠的标定：于250mL碘量瓶中，加入100mL水和1g碘化钾，加入配制的重铬酸钾标准溶液10mL，加入（1+5）硫酸溶液5mL，盖紧瓶塞、摇匀，于暗处静置5min后，用配制好的0.01mol/L硫代硫酸钠溶液滴定，溶液由棕色变为淡黄色时，加入1%淀粉溶液1mL，继续滴定至蓝色刚好退去为止，记录用量。则：硫代硫酸钠的浓度为：

$$C = \frac{10.00 \times 0.02500}{V}$$

式中　C——硫代硫酸钠溶液的浓度，mol/L；

　　　V——滴定时消耗硫代硫酸钠溶液的体积，mL。

环境与我

饮用水中消毒副产物有害吗

自来水经常能闻到消毒水的味道，这是由于消毒时使用氯造成的。那么，余氯及消毒副产物对人体有害吗？

自来水出厂水的水质要求中有一项很重要的指标，就是要求消毒剂余量要达到一定浓度限值之上，因为只有在这个限值水平上才可能有效地杀灭水中常见的微生物。以液氯消毒为例，自来水出厂水中游离性余氯的浓度要大于0.3mg/L，也就是说只有大于这个数值才可能保证原水中常见的微生物得到有效杀灭。而从水厂到老百姓家里这个过程中，水中的游离性余氯也要求保持在0.05mg/L以上，这是为了抑制自来水在输送、储存过程中发生二次污染。所以，自来水里消毒水的味道就是这些余氯造成的。

消毒剂本身能够有效地控制微生物的污染，这是很有意义的指标。不仅我国，即使美国等发达国家，在饮用水安全的风险控制上，微生物都是最大的安全隐患。而控制微生物污染目前最有效的手段就是对饮用水进行消毒，液氯消毒目前是我国应用最为广泛的消毒方式，在饮用水的风险管理中发挥着重要作用。

但是消毒也有弊端，那就是部分消毒剂在使用过程中会生成消毒副产物。以液氯消毒为例，如果原水里面含有一些腐殖质等，在加入液氯之后可能会生成代表性的卤代烃这样的消毒副产物，这已是化学分析检测证明了的。

如果我们在整个生产环节控制得好，比如控制好加氯量，再采用一些前处理的方法去除污染物，就可以把消毒副产物控制在一定的范围内。对此，《生活饮用水卫生标准》（GB5749—2006）中对主要的消毒副产物有明确的限制要求。在消毒剂的使用过程中既要求保证能够有效杀灭微生物，同时也要求所产生的副产物控制在安全范围内，以供居民正常安全使用饮用水。

总统呼吁三分钟洗澡

你洗澡要花多长时间？三分钟够不够？很多人听到这句话，都以为在开玩笑，如果告诉你这句话是一位总统说的，你会相信吗？2009年10月，世界新闻中有这么一条抓人眼球的报道：委内瑞拉总统查韦斯呼吁国民，把每次的冲凉时间限定在三分钟，因为这个国家正面临着水和电力供应短缺的问题。

查韦斯在电视播出的内阁会议上说："有人边冲凉边唱歌，会洗上半个小时。我们不是小孩，冲凉三分钟足够了。我计算过，三分钟，可以洗得很干净。"查韦斯还说，因为厄尔尼诺现象造成雨量减小，世界上最大的水库之一——艾古里水库水位已经降至了危险水平。他呼吁政府机构立即把能源消耗减少20%，并且提出政府应该颁布法令，不许进口低效的电器产品。

时过境迁，之所以重提旧事，是因为在我国也很缺水，而同时人们又在不断地浪费着水资源，节水的人少之又少。须知地球资源是有限的，我们不妨认真思考一下这位总统的肺腑之言，然后想想如何洗澡，如何在各个方面去节约水资源。

我们是不是可以这样做？少洗盆浴，多洗淋浴；淋浴水量开得小一点；洗头或打沐浴液时，先把淋浴关掉；少放一些沐浴液，可以更快地冲洗干净；洗澡时专心一点，不要边洗边玩边唱歌；夏天热水烧到40℃左右就够了；最好一家人排队洗，这样可以避免反复烧热水；不要在淋浴房里边洗澡边洗衣服；方便的话可以在淋浴房里面放个水桶，可以顺便接些水，用来冲洗马桶……只是改变一种生活方式而已，就可以为地球做出自己的贡献了！

痛痛病（骨痛病）

英国威尔斯有一个叫黛姆维斯的"女儿国"，在20世纪70年代出生的婴儿都是女孩。在中国山西省一个偏远的山区，有一个"女儿村"。这里不仅女孩多，而且成年女性个个患有头痛、骨痛病。为什么整个村庄的妇女多生女少生男呢？环保专家经过考察找出了答案。经查，原来该村上游一座废弃的锌矿矿渣是罪魁祸首，它使该村饮用水中的镉浓度超过国家标准6000倍。后经治理，这个村里的妇女也开始生男孩儿了。

镉为何物？为何对人产生这么大的危害？

镉是一种银白色、有光泽的金属，具有质软、耐磨、耐腐蚀的特性。它在自然界中不能单独存在于镉矿石，常常以少量存在于锌矿石中，因此，环境中的镉全部来源于人为污染。镉可以通过水污染使人中毒，也可以通过含镉的烟尘向外扩散，如含镉的烟尘降落到牧场，会使牲畜中毒。

镉对人体的危害是潜在的，它不容易被人发现。当人们食用了含镉污染的食物或水后，镉便会潜入人体，并在肝脏、肾脏和骨骼中一点点沉淀下来，当人体中镉的含量达到一定程度时，就会导致骨痛病。

骨痛病发作时，哪怕是一点儿轻微的动作，如咳嗽或打喷嚏，都会使病人的骨骼折断甚至弯曲变形，就连一呼一吸，也会使病人痛苦不堪，有些人就是因为无法忍受病痛折磨而自杀身亡的。

发生在20世纪20年代震惊世界的日本骨痛病，镉就是元凶。据不完全统计，自1913年日本开始炼锌业以来，其骨痛病患者便不断出现，受污染地区已经达到55处。到1972年3月，其患者已经超过了280人，死亡81人。

第三节
水污染及其防治

一、我国水污染现状

1. 我国水资源短缺

我国水资源总量虽然丰富，但由于人口众多，人均水资源拥有量却仅为世界平均水平的1/4。根据联合国数据，我国拥有全世界21%的人口，但只占水资源总量的6%，加之水资源南北部及东西部分布不均，在我国658个城市中，有2/3的城市缺水，主要集中在北部和西部地区。目前我国已经被联合国认定为世界上13个最缺水的国家之一。

2. 水污染及危害

水污染是指排入水体的污染物在数量上超过了该物质在水体中的本底含量和水体环境容量，从而导致水体的物理特征、化学特征和生物特征发生不良变化，破坏了水中固有的生态系统，破坏了水体的功能及其在经济发展和人们生活中的作用，就叫做水污染。换句话说，水污染就是排入水体中的污染物超过了水体的自净能力，从而导致水体水质恶化的现象。

水污染对国计民生的影响和危害很大，主要表现在以下几方面。

① 对人体健康的危害。污染的水环境危害人类健康，会导致一些传染病流行，如饮用不洁水可引起伤寒、霍乱、细菌性痢疾、甲型肝炎等传染性疾病。另外，水体的一些物理性和化学性污染会致人体遗传物质突变，诱发肿瘤和造成胎儿畸形；被污染的水中如含有丙烯腈会致人体遗传物质突变；水中如含有砷、镍、铬等无机物和亚硝胺等有机污染物，可诱发肿瘤的形成；甲基汞等污染物可通过母体干扰正常胚胎发育过程，使胚胎发育异常而出现先天性畸形。

② 对农业、渔业的危害。引用含有有毒、有害物质的污水直接灌溉农田，污染农田土壤，会使土壤肥力下降，土壤原有的良好结构被破坏，以致农作物品质降低减产，甚至绝收。尤其是在干旱、半干旱地区，引用污水灌溉，在短期内可能有使农作物产量提高的现象，但在粮食作物、蔬菜中往往积累超过允许含量的重金属等有害物质，通过食物链会危害人的健康，甚至使人畜受害。水体中的鱼类与其他水生生物由于水污染而数量减少，甚至灭绝。

③ 对工业生产的危害。水质污染后，工业用水必须投入更多的处理费用，造成资源、能源的浪费；食品工业用水要求更为严格，水质不合格，会使生产停顿，这也是工业企业效益不高，质量不好的因素之一。

④ 水的富营养化危害。含有大量氮、磷、钾的生活污水排入水体，促进水中藻类丛生，植物疯长，使水体通气不良，溶解氧下降，甚至出现无氧层，以致使水生植物大量死亡，水面发黑，水体发臭，形成"死湖""死河""死海"，进而变成沼泽，这种现象称为水的富营养化。富营养化的水臭味大、颜色深、细菌多，这种水的水质差，不能直接利用，水中的鱼类大量死亡（图3-7）。

图 3-7 含氮量过高引起水体富营养化
（见文后彩图 3-7）

3. 我国水污染现状

我国水环境面临着水体污染、水资源短缺和洪涝灾害等多重压力。水体污染加剧了水资源短缺，水生态环境破坏促使洪涝灾害频发。目前我国七大水系、主要湖泊、近岸海域及部分地区的地下水都受到了不同程度的污染，且具有污染范围广、危害严重和治理难度大等特征。近年来，国家各级政府为治理水污染，投入了大量资金，局部得到一些明显改善；但从总体上看，重点流域的水污染防治工作进展仍比较缓慢，当前和今后一段时期流域水污染防治仍面临严重挑战，主要反映在：

① 黄河、长江流域水环境问题亟待解决。由于人类活动的影响，使黄河、长江的环境问题日趋严重。目前，黄河水量少，自净能力弱，水环境处于危机之中。在西部大开发中，黄河流域的经济发展已进入较快增长时期，黄河的水污染必然使沿岸的水资源短缺"雪上加霜"。长江上游沿岸地区经济社会的快速发展和城市化进程的加快，使这一地区的污染物排放量迅速增加，污染问题随之加重，特别是三峡库区及其上游的水质不断恶化。

② 城市生活污水逐年增加，污水处理设施建设严重滞后。长期以来，我国城市基础设施的发展与人口、资源、环境和工业建设不协调，导致基础设施长期超负荷承载。特别是污水处理厂等这些城市环境保护基础设施，也只是在近几年才开始兴建，全国绝大多数城市的污水处理能力远远满足不了实际需要。随着城市人口迅速增加和人民生活水平的日益提高，生活污水产生量大幅度增长。但是，城市污水处理厂的建设远远不能适应经济社会发展的需要。同时，地方财政因无力支付污水处理费用，常常使建成后的污水处理厂不能正常运行，环境保护投资不能有效发挥环境效益。

③ 农药、化肥、畜禽养殖等大量的面源污染问题尚未找到解决途径。农村经济发展，势必带来化肥、农药大量使用，这些污染量大面广，治理有一定难度。由于农药的大量流失，造成严重的水体污染；全国化肥使用量也在成倍增加，带来的环境问题不可忽视。

二、污水排放标准

企业生产废水和居民生活污水合称为污水。污水排放标准，是根据受纳水体的水质要求，结合环境特点和社会、经济、技术条件，对排入环境的废水中的水污染物和产生的有害因子所作的控制标准，或者说是水污染物或有害因子的允许排放量（浓度）的限值，也是判定排污单位或个人排污活动是否违法的依据。

污水排放标准可以分为国家排放标准、地方排放标准和行业标准三类。国家排放标准是国家环境保护行政主管部门制定并在全国范围内或特定区域内适用的标准，如《污水综合排放标准》（GB 8978—1996）适用于全国范围；地方排放标准是由省、自治区、直辖市人民政府批准颁布的，在特定行政区适用，如《上海市污水综合排放标准》（DB31/ 199—2018），适用于上海市范围；行业排放标准，目前我国允许造纸工业、船舶工业、海洋石油开发工业等多个工业行业不执行国家《污水综合排放标准》，可执行相应的行业标准。对于地方排放标准规定："国家污染物排放标准中没做规定的项目，可以制定地方污染物排放标准，对国家污染物排放标准已做规定的项目，可以制定严于国家污染物排放标准的地方污染物排放标准"。以上这些类型的废水排放标准，就是我们进行水质控制的依据。

污染物排放标准值的制订，主要取决于该污染物的本身特性及对人体和环境的影响程度。就具体的有害污染物而言，在制订排放标准时分为两类处理：一类是能在环境或动植物体内蓄积，对人体健康产生长远不良影响的物质（第一类污染物），在企业废水排出口应按表3-6的要求排放，且不得用稀释的方法代替必要的处理；另一类是长远影响小于第一类的有害物质（第二类污染物），在企业排出口排出的废水应按表3-7的要求排放。

表3-6 第一类污染物最高允许排放标准   mg/L

污染物	最高允许排放浓度	污染物	最高允许排放浓度
1 总汞	0.05	6 总砷	0.5
2 烷基汞	不得检出	7 总铅	1.0
3 总镉	0.1	8 总镍	1.0
4 总铬	1.5	9 苯并 [a] 芘	0.00003
5 六价铬	0.5		

表3-7 第二类污染物最高允许排放标准   mg/L（色度、pH除外）

污染物	一级标准	二级标准	三级标准	污染物	一级标准	二级标准	三级标准
色度	50	80	—	氨氮	15	25	—
悬浮物	70	200	400	氟化物	10	10	20
生化需氧量	30	60	300	磷酸盐（P计）	0.5	1.0	—

续表

污染物	一级标准	二级标准	三级标准	污染物	一级标准	二级标准	三级标准
化学需氧量	100	150	500	甲醛	1.0	2.0	—
石油类	10	10	30	苯胺类	1.0	2.0	5.0
动植物油	20	20	100	硝基苯类	2.0	3.0	5.0
挥发酚	0.5	0.5	2.0	铜	0.5	1.0	2.0
氰化物	0.5	0.5	1.0	锌	2.0	4.0	5.0
硫化物	1.0	1.0	2.0	锰	2.0	2.0	5.0
pH	6～9	6～9	6～9				

三、水污染防治对策

① 加强工业污染防治。企业推进清洁生产，降低污染物排放总量，缓解环境压力，其中工业废水污染是我国环境保护治理工作的重点。为此，首先要做到淘汰和关闭一批技术落后、污染严重、浪费资源的企业；其次要开展和实施循环经济，实行清洁生产，在企业生产的源头和全过程充分利用资源，提高废水利用率，使污染达到最小化、资源化、无害化；开发效率高、能耗低的污水处理技术来治理污染。

② 推广先进农业种植技术，加强农业污染治理。农田施用化肥和农药的淋失，是造成农业污染源的主要原因。要合理施肥，在满足作物生长需要的同时又不过量施用；实施节水灌溉，减少化肥的流失；合理使用农药，严格按照农药用量施用，研发广谱抗病、虫、草害的农药，倡导采用低毒高效低残留农药，开发、推广和应用生物防治病虫害技术。

③ 加快城市污水管网建设进度，全面提高城市污水处理厂的运行效率和管理水平。城镇污水处理设施和管网建设应该做到规划先行，合理确定污水处理设施的布局和设计规模，确保污水处理设施建设与城市主体建设同步实施、同步发展。

④ 加强区域性水污染防治系统，实行水污染总量排放制度，做好重点流域水污染防治工作，确保重点流域水污染物减排任务按期完成。

⑤ 加大环保执法力度，坚决惩处各类违法排污行为，真正解决当前存在的"违法成本低，守法成本高"的问题。

四、污水处理技术

1. 污水处理技术概述

污水处理的目的就是将污水中的污染物以某种方法分离出来，或将其分解转化为无害稳定物质，从而使污水得到净化。处理后的污水，一般要达到防止毒害和病菌传播，除掉异味和臭恶感才能满足不同要求。按照污水处理原理可以将处理技术分为物理法、生物法和化学法等。按照污染物处理精度可以分为预处理、一级处理（又称初级处理）、二级处理和三级处理（又称高级处理）。

一级处理一般为物理处理，主要是沉淀、混凝澄清和过滤等。一级处理的大致流程为：污水→集水井、隔栅→沉砂池→初沉池→出水。一级处理后的水质中 BOD_5（即五日生化需氧量，指在一定温度和时间内，微生物分解氧化水中有机物的过程中所消耗氧的量，与COD一样可间接表示污水中有机物的含量）去除率为30%左右，悬浮物（SS）为50%左右；如一级处理达不到排放标准，还需要进行二级处理。

二级处理一般为生化法，多是解决污水中的胶状和溶解性有机污染物质，涉及的构筑物除了一级处理中的构筑物外，还有曝气池、二次沉淀池等。处理流程大致为：一级处理后的水→曝气池→二沉池→排出处理后的水（图3-8）。在二沉池中，污泥有时还需要回流到曝气池进行二次曝气，以提高处理效率。经过二级处理的污水中的 BOD_5 的去除率可达到90%左右，悬浮物SS去除率也在90%，处理后的水质基本上可以达到排放标准。

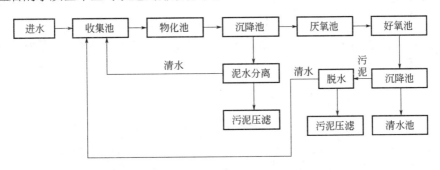

图3-8 生化法处理废水流程图

三级处理一般为化学法，如活性炭过滤吸附、离子交换、反渗透、电渗析等，通过这样处理的水质可以完全达到排放标准。

2. 几种常见污水处理技术简介

（1）活性污泥法

活性污泥法是以活性污泥为主体的污水生物处理技术。该技术自1914年英国曼彻斯特建立第一座污泥处理厂至今，有了不断的发展和改进，由开始单纯除去有机物，逐渐发展为现在还可除去氮和磷，是多年来技术发展最为成熟和常用的污水处理技术。其处理原理是：向生活污水中不断鼓入空气，为污水提供足够的溶解氧，一段时间后，污水中生成絮凝体，该絮凝体称为活性污泥。活性污泥是一种絮花状的泥粒，是由微生物、微生物所吸附的有机物以及微生物代谢活动产物所组成的絮凝体，只要轻轻搅动水体，该絮凝体就会悬浮在水中，稍一静止就会沉降下来。

活性污泥处理废水中的有机物分三个阶段。一是吸附阶段，活性污泥具有很大的比表面积，与废水接触后，短时间内便会有大量有机污染物被污泥所吸附，废水中的COD或BOD_5出现明显降低；二是氧化阶段，在有氧的条件下，微生物对已吸附的有机物进行代谢分解，一部分氧化分解获取能量，另一部分合成新的细胞质；三是絮凝体形成与沉降阶段，氧化阶段合成的菌体有机体形成絮凝体，絮凝体沉降后从水中分离出来，使水质得到净化。

活性污泥法的主要处理设备是曝气池和二次沉淀池。其处理工艺为：待处理的废水经过预处理后进入曝气池，向曝气池中不断送入压缩空气，使池内废水有充足的溶解氧，保证活性污泥中的好氧微生物对有机质进行分解的稳定条件，同时微生物不断繁殖，使活性污泥不断增长；待废水中有机污染物被活性污泥氧化后，废水流入二次沉淀池，二次沉淀池的作用是使污泥与水分离，沉下的活性污泥一部分回流到曝气池，余下的从系统中排出，澄清水溢流排出，即为处理后水，一般符合排放标准。处理工艺见图3-9。

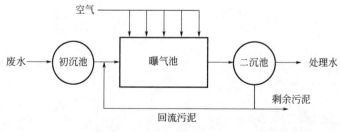

图3-9　活性污泥处理工艺

（2）氧化塘

氧化塘（又叫稳定塘）是一类利用天然净化能力的生物处理构筑物的总称，

主要利用菌藻的共同作用处理废水中的有机污染物。氧化塘污水处理系统具有基建投资和运转费用低、维护和维修简单、便于操作、能有效去除污水中的有机物和病原体等优点。根据氧化塘内微生物的种类和氧的供应情况,可将氧化塘分为好氧塘(水深0.5m左右)、兼氧塘(水深为1.0～2.0m)、厌氧塘(水深>2.5m)和曝气氧化塘(水深3.0～4.5m)四种基本类型。现将好氧塘的基本运行原理简介如下。

好氧塘净化废水有机物的基本工作原理见图3-10。塘内存在着菌类、藻类和原生动物的共生系统。在有阳光照射时,塘内的藻类进行光合作用,释放出氧气;同时,由于风力的搅动,塘表面还存在着溶解于空气中的氧气,两者使塘水呈好氧状态。塘内的好氧型异氧细菌利用水中的氧,通过好氧代谢氧化分解有机污染物并合成本身的细胞,其代谢产生的二氧化碳则是藻类光合作用的原料。

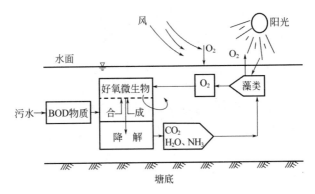

图3-10 好氧塘工作原理示意图

氧化塘内的生态系统较人工生态处理系统复杂,它包括了菌类、藻类、浮游生物、水生植物、底栖动物以及鱼、虾、水禽等高级动物,形成相互依赖的食物链,使废水中的有机污染物质得到分解,并转化为鱼、虾、水禽等人类可以食用的物质,净化后的废水可以用于灌溉农田。由此可见,氧化塘处理是一种简易、有效的废水处理设施,适用于气候干热,有可利用的坑塘、洼地及旧河道等地方修建。氧化塘具有投资和运行费用低,管理简单等特点;其缺点是废水的停留时间长,占地面积大,较适用于小水量的二级或三级废水的处理。

(3)化学法

化学法是污水处理的基本方法之一。它是利用化学作用处理污水中的溶解物质或胶体物质,可以去除污水中的金属离子、细小的胶体有机物、无机物、植物营养素(N、P)、乳化油、色度、臭味、酸、碱等,尤其是化学处理法能有效地去除污水中多种剧毒和高毒污染物，是污水处理中的重要处理方法。

化学法处理污水主要包括中和法、混凝法、氧化还原法、电化学法、化学沉淀法等。现对电化学法处理废水介绍如下。

电解质溶液在直流电的作用下，发生电化学反应叫电解。电解是电能转化为化学能的过程，实现这种转变的装置叫电解槽。在电解槽中，与电源正极相连接的称为阳极，与电源负极连接的称为阴极，两电极插在电解质溶液中，构成闭合回路。电化学法处理废水的实质就是利用电解作用对废水进行电解，使废水中的有害物质在阳极和阴极上进行氧化还原反应，沉淀在电极表面或者电解槽中，或生成气体从水中逸出，从而降低废水中有害物质的浓度或把有害物质转化为无毒、低毒物质。

废水的电化学处理可分为电化学氧化、电化学还原、电解凝聚等几种方法，下面将电解凝聚和电化学还原方法介绍如下。

① 电解凝聚法。电凝聚是以金属为溶解性阳极（一般为铝或铁），在电解时产生的铝离子或铁离子生成电活性絮凝剂，再经过一系列水解、聚合及亚铁的氧化过程，发展成为各种羟基络合物、多核羟基络合物以至氢氧化物，使废水中的胶态杂质及悬浮杂质发生絮凝沉淀而分离的方法：

$$Al \longrightarrow Al^{3+} + 3e \ 或 Fe \longrightarrow Fe^{2+} + 2e$$

$$Al^{3+} + 3H_2O \longrightarrow Al(OH)_3 + 3H^+$$

或
$$4Fe^{2+} + O_2 + 2H_2O \longrightarrow 4Fe^{3+} + 4OH^-$$

$$Fe^{3+} + 3OH^- \longrightarrow Fe(OH)_3$$

电解凝聚处理法可用于废水的脱色、除油，以及含重金属离子的废水和造纸制浆废水的处理，效果良好，具有适用范围广、反应迅速、易形成沉渣沉淀等优点。

② 电化学还原法。电解槽的阳极可以给出电子，相当于还原剂，可使废水中的重金属离子还原并沉积于阴极，加以回收利用，同时废水得到处理。如，电化学还原法处理含铬废水时，可利用铁作阴极和阳极进行电解操作。电解时，阳极不断溶解产生亚铁离子，在酸性条件下，将六价铬还原为三价铬：

$$Cr_2O_7^{2-} + 6Fe^{2+} + 14H^+ = 2Cr^{3+} + 6Fe^{3+} + 7H_2O$$

$$CrO_4^{2-} + 3Fe^{2+} + 8H^+ = Cr^{3+} + 3Fe^{3+} + 4H_2O$$

电解过程中消耗大量的氢离子，使废水pH逐步升高，这时三价铬离子和铁离子形成氢氧化物而从溶液中沉淀出来，从而达到了去除有毒三价铬离子的目的。

复习思考题

1．什么叫水体污染？水体污染的危害有哪些？

2．按照污水处理的精度，可将污水处理分为几级处理？请简述每级处理的常用方法及处理程度。

3．什么是活性污泥？简述活性污泥法处理污水的原理和处理系统的工艺流程。

实验活动一　利用含铬废水化学还原沉淀法制备磁性材料

工业生产中，铁氧体法处理电镀及实验室等产生的含铬废水，设备简单，一次性投资小；药剂成本低，处理量大，净化效果好，最高去除率可达99.99%，处理后的废水完全符合国家的铬排放标准；产生的铬污泥可制作磁性、半导体材料，有利于回收利用，减少了二次污染，在环境保护方面具有很好的应用价值。

一、实验原理

本实验利用铁氧体法处理含铬废水，其基本原理是使废水中的重铬酸根（$Cr_2O_7^{2-}$）或铬酸根（CrO_4^{2-}）在酸性条件下与过量还原剂硫酸亚铁作用，生成三价铬离子和铁离子，其反应式为：

$$Cr_2O_7^{2-} + 6Fe^{2+} + 14H^+ = 2Cr^{3+} + 6Fe^{3+} + 7H_2O$$
$$CrO_4^{2-} + 3Fe^{2+} + 8H^+ = Cr^{3+} + 3Fe^{3+} + 4H_2O$$

再通过加入适量碱液，调节溶液pH值，并适当控制温度，加入少量过氧化氢后，可将溶液中过量的亚铁离子部分氧化为铁离子，得到比例适度的铁离子、亚铁离子和三价铬离子沉淀物：

$$Fe^{3+} + 3OH^- = Fe(OH)_3\downarrow$$
$$Fe^{2+} + 2OH^- = Fe(OH)_2\downarrow$$
$$Cr^{3+} + 3OH^- = Cr(OH)_3\downarrow$$

由于当氢氧化亚铁和氢氧化铁沉淀量比例为1∶2左右时，可生成磁性氧化物 $Fe_3O_4 \cdot xH_2O$（铁氧体），其组成可写成 $FeFe_2O_4 \cdot xH_2O$，其中部分铁离子可被三价铬离子取代，使三价铬离子成为铁氧体的组成部分而沉淀下来，沉淀物经脱水等处理后,即得到组成符合铁氧体组成的复合物。因此,铁氧体法处理含铬废水效果好,投资少,简单易行,沉渣量少且稳定。而且含铬铁氧体是一种磁性材料,可用于电子工业,这样既可以保护环境又进行了废物利用。

二、实验仪器和药品

仪器:酒精灯、三脚架、磁铁、石棉网、量筒(10mL、50mL)、烧杯(150mL、250mL)、温度计(100℃)。

药品:硫酸(3mol/L)、氢氧化钠(6mol/L)、七水合硫酸亚铁(10%)、过氧化氢(5%)、含铬废水(0.5g/L)。

三、实验步骤

1.取50mL含铬废水(0.5g/L)于150mL烧杯中,在不断搅拌下滴加3mol/L硫酸调整至pH约等于1,然后加入10%的硫酸亚铁的溶液,直至溶液颜色由浅黄色变为亮绿色为止。

2.往烧杯中滴加6mol/L氢氧化钠溶液,调节pH=8~9,使铁离子、亚铁离子、铬离子生成沉淀。然后将混合液加热至70℃左右,在不断搅拌下滴加适量5%的过氧化氢,充分搅拌,静置冷却。

3.沉淀过滤,用蒸馏水洗涤数次,以除去钠离子、钾离子、硫酸根等,然后将其转移到蒸发器中,小火加热,搅拌使沉淀蒸发至干,得铁氧体,用磁铁检查沉淀物的磁性(图3-11)。

图3-11 产物铁氧体的磁性

四、实验说明

1.用亚铁离子将重铬酸根或铬酸氢根还原为三价铬离子是在酸性条件下进行的,加入氢氧化钠(6mol/L)的量不易掌握,因为三价铬离子随着浓度及溶液酸碱度环境的不同其颜色也不同,故由浅黄色变成亮绿色不易掌握。所以,加入硫酸亚铁按过量进行操作,一般按10%硫酸亚铁溶液在6~10mL即可将重铬酸根或铬酸氢根还原完全。

2.操作时加入氢氧化钠(6mol/L)的量要足够,在不断搅拌下利用pH试纸使溶液pH达到9以上,以使沉淀完全。

3.上述混合物加热70℃左右时,加入2mL 5%过氧化氢,使过量亚铁离子氧化为铁离子,搅拌后静置、过滤。

4.在钳锅中将晾半干的沉淀物加热失水变成氧化物(变成粉末状即可),放置于一张白纸上,用一块磁铁检验产品的磁性。

实验活动二　电解法处理含铬废水

一、实验目的

1. 了解电解法处理污水的原理及电解装置的使用；

2. 了解影响电解的因素；

3. 树立环境保护意识。

二、实验原理

电解还原处理含铬废水是利用铁板作阳极，在电解过程中铁溶解生成亚铁离子，在酸性条件下，亚铁离子将六价铬离子还原成三价铬离子。同时由于阴极上析出氢气，使废水pH逐渐上升，最后呈中性，此时三价铬离子、铁离子都以氢氧化物沉淀析出，达到废水净化的目的。电解还原法具有体积小、占地少、耗电低、管理方便、效果好等特点；缺点是铁板耗量较多，污泥中混有大量的氢氧化铁，利用价值低，需妥善处理。

三、工艺参数

含铬废水六价铬离子浓度为$50\sim200mg/L$；废水$pH\leqslant6.5$（一般含铬$25\sim150mg/L$之间的废水，pH值为$3.5\sim6.5$，故不需调节pH值）；温度对实验影响不大，一般处理后水温上升$1\sim2℃$。

四、实验步骤

1. 利用铁片做阳极，碳棒（或铁片）做阴极，电极做除油预处理；

2. 将含铬废液倒入适量于电解槽中，滴加硫酸将电解液调至$pH\leqslant6.5$，将碳棒及铁片分别作为阴极和阳极平行地放入电解液中，两电极相距2cm左右，两电极约2/3面积浸入电解液中，接通直流电源，进行通电数分钟，观察两电极反应现象；

3. 电解结束后，将电极取出，用自来水及蒸馏水冲洗干净后，观察电解液状态变化。

实验活动三　废水中化学需氧量（COD）污染指数的测定

一、实验目的

1. 理解COD水质指标的含义；

2. 学习氧化还原反应滴定法测定COD技术。

二、实验原理

化学需氧量（COD）是指在一定条件下，水中的有机物质在外加的强氧化剂重铬酸钾的作用下被氧化分解时所消耗氧化剂的数量，以氧的mg/L表示。它反映了有机物、亚硝酸盐、亚铁盐、硫化物等还原性物质对水的污染程度，是评价水体中有机污染物质相对含量的一项重要综合性指标，是对工业污水处理控制的一项重要的测定参数。

本实验采用滴定法测定化学需氧量。在强酸性溶液中，准确加入过量的重铬酸钾标准溶液，加热回流，将水样中还原性物质（主要是有机物）氧化，过量的重铬酸钾以试亚铁灵作指示剂，用硫酸亚铁铵标准溶液回滴，根据所消耗的重铬酸钾标准溶液量计算水样化学需氧量。重铬酸钾与硫酸亚铁铵的反应式为：

$$6Fe(NH_4)_2(SO_4)_2+K_2Cr_2O_7+7H_2SO_4\!=\!3Fe_2(SO_4)_3+Cr_2(SO_4)_3+K_2SO_4+6(NH_4)_2SO_4+7H_2O$$

三、实验仪器和药品

仪器：烧瓶、电加热套、50mL酸式滴定管、锥形瓶（250mL）4个、移液管（10mL）、容量瓶（1000mL）、玻璃棒、烧杯等。

药品：重铬酸钾标准溶液（0.25mol/L）、试亚铁灵指示液、硫酸亚铁铵标准溶液、硫酸-硫酸银溶液（将6g Ag_2SO_4 溶于500mL 浓H_2SO_4中）。

四、实验步骤

1．溶液配制

①重铬酸钾标准溶液［0.2500 mol/L（1/6$K_2Cr_2O_7$）］：称取预先在120℃烘干2h的基准或优级纯重铬酸钾12.258g溶于水中，移入1000mL容量瓶，稀释至标线，摇匀。此时的重铬酸钾物质的量的溶液为0.2500mol/L（1/6$K_2Cr_2O_7$=0.2500 mol/L）。

②试亚铁灵指示液：称取1.485g邻菲啰啉（$C_{12}H_8N_2$·H_2O）、0.695g硫酸亚铁（$FeSO_4$·$7H_2O$）溶于水中，稀释至100mL，贮于棕色瓶内备用。

③0.1mol/L硫酸亚铁溶液的配制：称取39.5g含6个结晶水的硫酸亚铁铵溶于水中，边搅拌边缓慢加入20mL浓硫酸，冷却后移入1000mL容量瓶中，加水稀释至标线，摇匀。临用前，用重铬酸钾标准溶液标定。

2．硫酸亚铁铵标准溶液（$C\approx0.1$mol/L）的标定。 准确取10.00mL重铬酸钾标准溶液于250mL的锥形瓶中，加40mL蒸馏水，摇匀，再加入30mL浓硫酸，混合均匀后冷却，加入3滴试亚铁灵指示液，用硫酸亚铁铵溶液滴定至溶液的颜色由黄色经蓝绿色至红褐色即为终点，记录体积，平行滴定三次。准确计算硫酸亚铁铵标准溶液的浓度。

3． 取50.00mL混合均匀的水样置于磨口圆底烧瓶中，准确加入10.00mL重铬酸钾标准溶液及沸石，连接冷凝管，慢慢地加入30mL硫酸-硫酸银溶液，轻轻摇动烧瓶使溶液混匀，待冷却后，加热回流2h（自开始沸腾时计时）。加热回流装置见图3-12。

注：取5mL废水样、1mL重铬酸钾、3mL浓硫酸于硬质玻璃试管中，摇匀，加热后观察是否成绿色。如溶液显绿色，再适当减少废水取样量，直至溶液不变绿色为止。若为橙色，则证明加入的水样体积合适，以此方法确定废水样分析时应取用的体积。

4．冷却后，用少许水冲洗冷凝管壁（溶液总体积不得少于140mL，否则因酸度太大，滴定终点不明显），目的是将附着于冷凝管中的重铬酸钾冲下，以免影响COD的值。取下锥形瓶。

5．溶液再度冷却后，加3滴试亚铁灵指示液，用硫酸亚铁铵标准溶液滴定，溶液的颜色由黄色经蓝绿色至红褐色即为终点，记录硫酸亚铁铵标准溶液的用量。

图3-12　加热回流装置

6．测定水样的同时，一组学生取20.00mL重蒸馏水（蒸馏两次的蒸馏水），按同样操作步骤作空白试验。记录滴定空白时硫酸亚铁铵标准溶液的用量。

五、实验数据处理

计算公式如下。

硫酸亚铁铵浓度（mol/L）：$c = \dfrac{0.25 \times 10.00}{v}$

$$COD_{Cr}\,(O_2, mg/L) = \dfrac{(V_0 - V_1) \times 8 \times 1000 \times c}{V_{水样}}$$

式中　c——硫酸亚铁铵标准溶液的浓度，mol/L；

　　　v——标定时硫酸亚铁铵标准溶液的用量，mL；

　　　V_0——滴定空白时硫酸亚铁铵标准溶液用量，mL；

　　　V_1——滴定水样时硫酸亚铁铵标准溶液的用量，mL；

　　　$V_{水样}$——水样的体积，mL；

　　　8——氧（1/2O）摩尔质量，g/mol。

实验数据记录于表3-8。

表3-8　数据记录表

项目	硫酸亚铁铵 初始读数v_1/mL	硫酸亚铁铵 终点读数v_2/mL	硫酸亚铁铵 最终读数v_3/mL	平均读数v/mL
硫酸亚铁铵				
空白（V_0）				
水样（V_1）				

根据以上公式及滴定数据计算：

1．硫酸亚铁铵的浓度；

2．化学需氧量（COD）的值。

六、注意事项

1．本实验安排2个学时。

2．使用的重铬酸钾为强氧化剂，实验中应注意安全操作，以免接触皮肤，废液应回收。

古罗马人的警告——铅污染

近年来，不少人认为古罗马帝国衰亡的原因是由于铅中毒。其原因是古罗马铅制的水管污染了饮用水，铅制的锅和餐具污染了食物，甚至在葡萄酒和果汁中也混入了铅金属。从古罗马人的遗骨中确实检出了非常高的铅含量。然而这样的惨痛教训到现在人类也没有真正的吸取。

美国加利福尼亚中部的蒙托莱小镇，地处自然环境十分美丽的海岸，但在海岸边却竖立了一个警告牌，上有"因有危险，贝类不得食用"的字样，令人望而生畏。原来长期的监测发现，从1984年起，此处贝类中的铅浓度急剧上升，从0.1mg/kg上升到90mg/kg，最高时超过1800mg/kg，但附近并未发现有任何企业污染源。无独有偶，在瑞典的斯德哥尔摩市中心的圣诞公园，砍伐了一株有150年树龄的栎树，并测定每一年轮中的含铅量，发现从1960年起，含铅量开始急剧增加——经分析，上述各种现象的起因，都是由于汽车尾气中排放的铅造成的。在蒙托莱小镇海岸，也是因为排放到大气中的铅降落到海中后被贝类吸收富集形成的结果。

大气中的铅不仅污染了空气，还污染了水和食物，进而富集到人体内。除大气污染之外，铅制的自来水管和容器，以及陈旧的室内涂料等，都是铅的重要污染源。尤其是婴幼儿吸收铅的速度要比成人快10倍。在美国，每100mL血液中含有超过40μg以上的铅因而需要治疗的儿童就有67500人之多。

英国泰晤士河为什么会变清

泰晤士河长346km，流经拥有1000万人口的工业区，向东汇入伦敦港口。18世纪，这里曾经是著名的鲑鱼产地。19世纪初，英国的工业发展迅速，伦敦市人口剧增，大量的废水使泰晤士河的水质每况愈下，接连发生4次大的流行性霍乱。1850年以后，泰晤士河的水生生物基本绝迹，但从1969年开始又出现鱼群。现在，泰晤士河已变成一条"最清澈的都市河流"。那么，泰晤士河的河水为什么又能变清呢？

原来自1865年开始，英国政府对泰晤士河采取了一系列的治理措施。首先，规定各工厂的废水必须自行处理，只有达到一定水质标准后，才能排入河中。未经许可，任何单位和个人不得将废水直接排入河中。不能自行处理的工厂废水通过下水道先送往大型污水处理厂，经活性污泥法处理后，再排入泰晤士河。其次，在河中分段安投了大型充气设备，增加河水中的溶解氧。为了巩固治理效果，除了加强管理外，目前又兴建了日处理104万吨污水的贝克顿污水处理厂，同时又把充气设备传动装置的功率进行提高，以进一步提高河水的溶解氧。

泰晤士河重新变清，对我国河流水质的保护和对被污染河流的治理，具有一定的借鉴价值。

五大湖的呐喊

我是鄱阳湖，中国淡水湖的老大。我担心我的中国第一大湖的地位要保不住。20年来，人们围湖造田，把我垦掉了一半，害得我好苦哇！现在每年有2100万吨泥沙从赣江向我涌来，我实在承受不住了。每年湖底要增高3cm，照这样下去……

鄱阳湖老哥，你瞧我巢湖都要窒息了！蓝藻像层厚厚实实的被子，压在我近岸的水面上，还发出一股股呛鼻的腐臭味。

谁说不是哩！我太湖每年要接纳1000多万吨污水，并且全是高浓度的有机污染加上重金属污染。像鄱阳湖、洞庭湖那样的围湖造田之苦我也有。1949年，我的东边有出口河道84条，人们搞围河堵河，搞到现在只剩下10来条河道。单是吴淞江下游泄水受阻就使泥沙淤积速率增加了4～6倍！如果每年以2mm速率淤积的话，用不了100年，我太湖就会变成一片沼泽了。这不，1991年的发大水，我竟成了罪魁祸首。

兄弟们把我忘了吗？我是洪泽湖，远近闻名的洪泽湖大闸蟹就是我生的。我也很苦恼啊！他们人类只知道索取我，却不能很好地保护我，从我的上游让我"吃"了好多从淮河排来的黑水啊！就在2018年8月那一次就让我喝了好多好多黑水，我已经快产不了大闸蟹了，产下来的也死了好多。我命苦啊！

对于五大湖的呐喊甚至责骂，人们除了理解和同情还应感到深深的自责。"50年代淘米洗菜，60年代引水灌溉，70年代水质变坏，80年代鱼虾绝代！"这些顺口溜既是真实的描写，又是何等程度的讽刺。除了鄱阳湖、巢湖、太湖，八百里洞庭又是怎么一幅景象呢？

"洞庭美，美就美在洞庭水。"可是，一百多年来，洞庭湖的面目在改变。据史料记载：1825年洞庭湖面积为6270km^2，到1977年，水域面积只有2470km^{2}了，80年代初，每年更是以55km^{2}的速度萎缩，其消亡之快触目惊心！倘若照目前的情况发展下去，不要100年，"八百里洞庭"将会在地球上消失。由此而引起湘北气候将会变得十分恶劣，旱涝频繁；楚天风光也会因此而黯然失色。

洞庭湖旧病未除，新症又至。多年来，沿湖近千家大小工厂又向湖内倾注大量的污水和废渣，使水质受到污染。过去丰富的水产资源遭到破坏，20世纪30年代鲜鱼曾达到4500万公斤，50年代即降为2400万公斤，60年代下降到2090万公斤，70年代再降为1500万公斤。到了1985年沿湖调查时，已经不见鲥鱼、鳗鲡等珍贵鱼类的踪影，珍稀的中华鲟也已消失。

我国各种大小湖泊众多，湖泊本身具有调蓄洪水、灌溉、供水、航运、旅游与水产养殖等多种功能。过去由于我们利用不当，保护不力，盲目围湖造田，致使湖泊面积和容积日益缩小，有的湖泊甚至消失。同时，由于水质污染，湖泊的富营养化日益严重，像武汉的东湖、南京的玄武湖、昆明的滇池等都有严重的富营养化现象，而且水质污染也比较显著。

自然界千万年形成的湖泊，在短短几十年，让我们一个个丢失了！上对祖先，下对儿孙，我们又能说什么呢？

值得庆幸的是，国家已经对此进行了高度的觉醒和重视，努力尽早恢复往日的面貌！相信不久的将来，五大湖不再呐喊，而是歌唱！

第四节
固体废物污染与防治

随着工业社会的到来，社会生产力迅速提高，工业化和城市化进程加快，人口向城市不断集中，工业固体废物和城市生活垃圾产生量剧增，固体废物特别是城市垃圾已成为破坏城市景观和污染环境的重要污染物。因此，做好固体废物的污染防治，综合利用废弃物，变废为宝，对于减少废弃物对环境和人体健康的影响和危害有着重要的作用。

一、固体废物的概念

《中华人民共和国固体废物污染环境防治法》中对此规定："固体废物是指在生产、生活和其他活动中产生的丧失原有利用价值或者虽未丧失利用价值但被抛弃或者放弃的固态、半固态和置于容器中的气态的物品、物质以及法律、行政法规规定纳入固体废物管理的物品、物质。"

固体废物的产生有其必然性。一方面是由于人们在索取和利用自然资源从事生产和生活活动时，限于实际需要和技术条件，总会将其中一部分作为废物丢弃。另一方面是由于各种产品本身都有其使用寿命，超过了一定期限，就会变成废物。

固体废物的产生有其相对性。从实质上讲，没有真正的物品是"废物"，只是由于客观条件的限制，人们总要把其中的一部分当作废物丢弃。其实，随着时间的推移和技术的进步，人类所产生的废物将越来越多地被转化为新的原料。所以说，废与不废是相对的，它与技术水平和经济条件密切相关，今日的废物就可能成为明天的原料。

固体废物还具有以下几个特性：

① 无主性。即被丢弃后，不再属于谁，因而找不到具体负责者，特别是城市固体废物。

② 分散性。丢弃、分散在各处，需要收集。

③ 危害性。对人们的生产和生活产生不便，危害人体健康。

④ 错位性。一个时空领域的废物在另一个领域可能是宝贵资源。

二、固体废物的来源和分类

1. 来源

固体废物主要来源于人类的生产活动和生活活动。在人类从事工农业生产活动以及交通、商业等活动中，一方面生产出有用的工农业产品，供人们的衣、食、住、行需要；同时，也产生了许多废弃物，如生活中常见的废包装纸、菜叶、果皮以及粪便等，生产中的炉渣、尾矿、煤矸石等。各种产品，被人们使用一段时间或一个时期之后，不能继续使用都会变成废弃物，如破旧衣服、饮料瓶罐等。

2. 分类

固体废物有多种分类方法，按其化学性质可分为有机废物和无机废物；按其危害状况可分为有害废物和一般废物；按其来源可分为矿业废物、工业废物、城市垃圾、农业废物以及放射性废物；按其形状则可分为固体的（颗粒状、粉状、块状）和泥状的（污泥）。我国根据国情，从固体废物管理的需要出发，在《中华人民共和国固体废物污染环境防治法》中通常将其分为工业固体废物、生活垃圾、危险废物三类。表3-9为常用的一种固体废物的分类、来源和主要组成物。

表3-9 固体废物的分类、来源和主要组成物

分类	来源	主要组成物
矿业废物	矿山、选冶	废矿石、尾矿、金属、废木砖瓦、石灰等
工业废物	冶金、交通、机械金属结构等工业	金属、矿渣、砂石、模型、陶瓷、边角料、涂料、管道绝热材料、黏结剂、废木、塑料、橡胶、烟尘等
	煤炭	煤矸石、木料、金属
	食品加工	肉类、谷类、果类、蔬菜、烟草
	橡胶、皮革、塑料等工业	橡胶皮革、塑料布、纤维、染料、金属等
	造纸、木材、印刷等工业	刨花、锯末、碎木、化学药剂、金属填料、塑料、木质素
	石油化工	化学药剂、金属、塑料、橡胶、陶瓷、沥青、油毡、石棉、涂料
	电器、仪器仪表等工业	金属、玻璃、木材、橡胶、塑料、化学药剂、研磨料、陶瓷、绝缘材料
	纺织服装业	布头、纤维、橡胶、塑料、金属
	建筑材料	金属、水泥、黏土、陶瓷、石膏、石棉、砂石、纸、纤维
	电力工业	炉渣、粉煤灰、烟尘

分类	来源	主要组成物
城市垃圾	居民生活	食物垃圾、纸屑、布料、木料、金属、玻璃、塑料陶瓷、燃料灰渣、碎砖瓦、废器具、粪便、杂品
	商业机关	管道等碎物体、沥青及其他建筑材料、废汽车、非电器、非器具、含有易燃、易爆、腐蚀性、放射性的废物以及居民生活所排放的各种废物
	市政维护、管理部门	碎砖瓦、树叶、死禽畜、金属、锅炉灰渣、污泥、脏土
农业废物	农林	稻草、秸秆、蔬菜、水果、果树枝条、糠秕、落叶、废塑料、人畜粪便禽粪、农药
	水产	腐烂鱼、虾、贝壳、水产加工污水、污泥
放射性废物	核工业、核电站放射性医疗、科研单位	金属、含放射性废渣、粉尘、污泥、器具、劳保用品、建筑材料

矿业废物来自矿物的开采和矿物选洗过程；工业废物来自冶金、煤炭、电力、化工、交通、食品、轻工、石油等工业的生产和加工过程；城市垃圾主要来自城镇居民的生活消费、市政建设和商业活动；农业废物主要来自农业生产和禽畜饲养；放射性废物主要来自核工业和核电的生产核燃料循环、放射性医疗和核能应用及有关的科学研究等。

三、固体废物污染现状及危害

1. 固体废物污染现状

由于多年来固体废物的不断积累，加之对废物的处理和处置不到位，我国固体废物污染严重，已经成为重要的环境问题之一，影响了经济和社会的向前发展，迫使我们必须对固体废物的污染进行治理。

2017年11月全国人大组织检查组对全国各地固体废物情况进行检查，内容包括城乡生活垃圾、工业固体废物和农业废弃物污染防治情况，危险废物监管和进口固体废物管理情况，垃圾分类等配套法规制度的制定和执行情况，固体废物污染防治责任落实和监察执法情况等，并向全国人大常委会进行报告。报告显示，《中华人民共和国固体废物污染环境防治法》实施20多年来，特别是近5年来，加快推进了固体废物污染防治基础设施建设，使固体废物利用处置能力有了较大提升，危险废物集中处置能力逐年提升。截至2016年底，危险废物核准利用处置能力达到6471×10^4t/a，实际利用处置量约1629×10^4t；我国城市共有生活垃圾无害化处理设施940座，无害化处理能力为62.1×10^4t/d，无害化处理率达到

在实验室中学环保

96.6%；农村环境综合整治力度不断加大，到2016年底，全国主要农作物秸秆资源综合利用率接近82%，畜禽粪污综合利用率达到60%。

报告同时也指出，当前固体废物污染防治形势仍然严峻，面临着一些突出问题，必须要引起高度重视。一是固体废物产生量大、积存量多。我国每年产生畜禽养殖废弃物近$40×10^8t$，主要农作物秸秆约$10×10^8t$，一般工业固体废物约$33×10^8t$，工业危险废物约$4000×10^4t$，固体废物产生量呈增长态势。二是污染防控风险隐患多。一些地方历史遗留废渣、尾矿库存多，存在着较大环境安全隐患；部分地区危险废物不当堆存、非法倾倒处置问题突出，如长江边堆放的垃圾成山（图3-13），多地发现渗坑、暗管偷排废酸废液等违法事件。三是固体废物污染防治面临新形势、新问题，如快递包装废弃物、报废汽车等快速增长，污泥、脱硫石膏等污染治理副产物大量产生，加剧了环境污染。

图3-13　长江边堆放的垃圾成山

图3-14　海水倒灌时漂浮的垃圾

固体废物对海洋的污染也令人触目惊心。据最近号称本世纪最强的超级台风"山竹"摧枯拉朽地登陆中国，也暴露出了人类对海洋所犯下的罪恶。海水借着台风，把人类倾倒在海里的垃圾成吨地还了回来，密密麻麻，塑料遍地，触目惊心。图3-14为台风来临时，海水倒灌，香港某一住宅小区变成了垃圾处理场。短短几十年，人们把大量垃圾抛入海里，认为大海可包容万物，垃圾遍布全球大洋，并随洋流四处飘荡。现在，在太平洋，已经形成了一个被称为第八大陆的"太平洋垃圾带"，面积超过$160×10^4km^2$，携带着超过1.8万亿件垃圾横亘在大洋中间；这块垃圾带面积相当于英国国土面积的六倍多。太平洋垃圾带的发现者Charles Moore认为，仅清理太平洋垃圾带的垃圾，就需要花费7.9万年的时间。

有人说："人类，已经成为地球的癌细胞"。登珠峰的爱好者，在享受登顶荣耀时，却忘记带走垃圾；甚至，现在太空也已遍布着垃圾。持续增加的垃圾和它们带来的危害，从来都不是危言耸听。

2. 固体废物的危害

固体废物的性质多种多样，成分也十分复杂，特别是在废水废气治理过程中所排出的固体废物，汇集了许多有害成分。因此，对环境的危害很大，其污染往往是多方面的。其主要危害表现在以下几个方面。

① 侵占土地，破坏地貌和植被。固体废物如不加以处置，只能占地堆放。据估算，每堆积1万吨废物，约需土地1亩。土地是宝贵的自然资源，固体废物的堆积侵占了大量土地，造成了极大的经济损失，并且严重地破坏了地貌、植被和自然景观。

② 污染土壤。固体废物不但占用大量耕地，而且经过长期露天堆存，其中有害成分经过风化、雨淋、地表径流的侵蚀，很容易渗入土壤中，使土地毒化、酸化和碱化，从而改变土壤的性质和结构，影响土壤微生物的活动，妨碍植物根系生长，有些污染物在植物体内富集并进而影响人类健康。

③ 污染水体。不少地方把固体废物直接倾倒在河流、湖泊、海洋，甚至以海洋投弃作为最终处理方法。它们进入水体，不仅减少江湖面积，而且影响水生生物的生存和水资源的利用，投弃到海洋还会在一定海域形成生物的死区。

④ 污染大气。固体废物一般通过以下途径污染大气：以细粒状存在的废渣和垃圾，在大风吹动下会随风飘逸，扩散到远处；一些有机固体废物在适宜的温度和湿度下会被微生物分解，释放出有害气体；多种固体废物本身或在焚烧时散发有毒气体和臭味，这些都会污染空气。

⑤ 影响环境卫生。固体废物，特别是城市垃圾和致病废弃物是苍蝇蚊虫滋生和致病细菌、鼠类肆虐的场所，是流行病的重要发源地。"白色垃圾"遍及各个角落，令人生厌。

四、固体废物污染防治对策

1. 建立健全相关法规和标准体系

环境立法作为环境管理中的强制性手段，是世界各国普遍采用的一项行之有效的措施。全国人大、国务院以及相关部委均对城市固体废物污染环境的防治制定了相关的法律、法规、条例与标准，但是由于缺少相应的"子法"与实施细则，执法过程中可操作性不强，依法管理还有一定难度。

2. 提升废物处置能力

当前很多地方的处置企业实际处置能力不足以满足现实需要。随着经济的快速发展，固体废物的种类和数量逐年增加，随之而来的安全规范处置问题日益突出，废物处置能力亟待提高。因此，要积极引导和帮助处置企业加强管理，提升技术，进一步拓展废物处置范围，努力使处置能力能够适应社会需求，在固体废物管理中发挥重要作用。

3. 推行清洁生产生活方式

清洁生产是促进环境保护和经济协调发展的一种全新的思维方式，它要求将整体预防的环境战略持续应用于生产过程、产品和服务中，以提高生态和资源效率，减少对人类及环境的风险。因此清洁生产是促进工业发展和深化工业污染综合防治，实现工业可持续发展的最佳选择，可通过推行"清洁生产"有效地控制产业垃圾。同时，号召居民推广符合可持续发展的"清洁生活"。"清洁生活"观念要引导人们遵循适度生产、适度消费和健康生活的方式，最终实现垃圾产生与处理的动态平衡。清洁生活观念涉及社会生活的诸多方面，如衣、食、住、行、保健医疗等。鉴于当前居民对于生活垃圾无序投放状况，建议有关部门引导居民对垃圾进行源头分类、集中收运、回收利用、变废为宝。

4. 废物利用

通过采取工艺措施从固体废物中回收有用的物质和能量，充分发挥其自身的价值。如，高炉渣可以用来制砖、水泥和混凝土等；利用建筑垃圾堆山造景，造公园；废物综合利用大有作为。

五、固体废物处理和处置技术简介

固体废物处理通常是指通过物理、化学、生物、物化及生化等方法把固体废物转化为适于运输、贮存、利用或处置的过程；而固体废物的处置是指将固体废物最终置于符合环境保护规定的场所或者设施并不再回收利用，以保证有害物质现在和将来不对人类和环境造成危害，也称最终处理或安全处置。可以这样理解，废物处理是前端，处置是终端；但实际上，固体废物的处置往往是一个既包括处理又包括处置的综合过程。

1. 固体废物处理技术

目前固体废物处理技术主要采用压实、破碎、分选、固化、焚烧和热解、生物处理等方法。

① 压实技术。压实是一种通过对废物实行减容化，降低运输成本、延长填埋寿命的预处理技术，是一项当前普遍采用的固体废物预处理方法。如对垃圾、

松散废物、纸带、某些纤维制品等进行压实减容处理。

② 破碎技术。为了使进入焚烧炉、填埋场、堆肥系统等的废弃物尺寸减小，预先需对固体废物进行破碎处理（图3-15）。经过破碎处理的废物，消除了大量的空隙，质地均匀，在后期填埋过程中也便于压实。

图 3-15 垃圾处理机器在破碎垃圾

③ 固化技术。固化技术是通过向废弃物添加固化基材，使有害固体废物固定或包容在惰性固化基材中的一种无害化处理过程。这种固化材料可以为水泥固化、沥青固化、玻璃固化等。

④ 焚烧和热解技术。焚烧法是固体废物高温分解和深度氧化的综合处理过程，它可以把大量有害的废物分解变为无害的物质。由于固体废物中可燃性物质比例逐渐增多，采用焚烧方法处理废物，可以获得大量热能用于发电、取暖等。此种方法处理废物，具有占地少、处理量大的优点，在保护环境及综合利用上取得了良好的效果，已成为发展的趋势；但也存在着一次性投资大，焚烧过程中排烟造成大气二次污染等问题。

⑤ 生物处理技术。是利用微生物对有机固体废物的分解作用使其无害化，使有机固体转化为能源、食品、饲料和肥料，是固体废物资源化处理的方法。目前应用广泛的有堆肥化、沼气化、废纤维糖化和饲料化等。

2. 固体废物的处置

固体废弃物的处置是固体废物在预先进行了资源化、无害化处理后的最终归宿，最终处置途径可归纳为陆地处置和海洋处置两种。海洋处置是早期工业化国家曾采用的途径，特别对一些有毒有害的废物，至今仍有一些国家采用，引起国际社会的争议和不安。陆地处置主要有土地填埋、农用、深井灌注及深地层处置等；海洋处置包括深海投弃和海上焚烧（已被国际公约禁止）。

① 土地填埋处置。它是从传统的堆放和填地处置发展起来的一项最终处置技术。因其工艺简单、成本较低、适于处置多种类型的废物，目前已成为一种处置固体废物的主要方法。土地填埋处置种类很多，采用的名称也不尽相同。按填埋地形特征可分为山间填埋、平地填埋、废矿坑填埋等；按填埋场的状态可分为厌氧填埋、好氧填埋、准好氧填埋等。土地填埋随填埋种类的不同其填埋场构造和性能也有所不同。土地卫生填埋适于处置一般城市垃圾固体废物，用土地卫生填埋来处置城市垃圾，不仅操作简单，施工方便，费用低廉，还可同时回收甲烷

气体，目前在国内外被广泛采用。在进行卫生填埋场地选择、设计、建造、操作和封场过程中，应着重考虑防止浸出液的渗漏、降解气体的释出控制、臭味和病原菌的消除、场地的开发利用等几个主要问题。

② 农用。是利用表层土壤的离子交换、吸附、微生物降解以及渗滤水浸出、降解产物的挥发等综合作用机制处置固体废物的一种方法。该技术具有工艺简单、费用适宜、设备易于维护、对环境影响很小、能够改善土壤结构、增长肥效等优点，主要用于处置含盐量低、不含毒物、可生物降解的固体废物。如污泥和粉煤灰施用于农田作为一种处理方法已引起重视。生产实践和科学研究工作证明，施污泥、粉煤灰于农田可以肥田，起到改善土壤和增产的作用。

③ 深井灌注处置。此法系指把液化后的固体废物注入到地下与饮用水和矿脉层隔开的可渗性岩层内。一般废物和有害废物都可采用深井灌注方法处置。但主要还是用来处置那些实践证明难于破坏、难于转化、不能采用其他方法处理或者采用其他方法费用昂贵的废物。深井灌注处置前，需使固体废物液化，形成真溶液或乳浊液。深井灌注处置要妥善选址、建造、操作，将废液永久性地封存于灌注区内。

复习思考题

1. 什么是固体废物？谈谈你对"世界上没有垃圾，只有放错了位置的财富"这句话的感想和认识。

2. 根据我国国情，将固体废物分为哪三类？固体废物的特性有哪些？

3. 注意了解自己家中每天的垃圾量和种类都有哪些，应该如何做才符合环保要求？

本节实验安排

实验活动一　用废旧易拉罐制备明矾

一、实验背景

随着人们生活水平的不断提高，铝制品量不断增大，同时使用后产生的铝制品废料也在增大。据测算，我国2014年和2015年铝制易拉罐总需求量分别是

89.57亿只和98.49亿只，消耗铝材13.66万吨和14.91万吨。因此利用铝的性质研究并实现铝制易拉罐的回收，既减少了废物，防止污染环境，又可以制备获得我们所需要的其他有用的物质，使废物得到综合利用，实现环境效益、经济效益和社会效益的统一。

图3-16　明矾晶体

明矾（图3-16），无色透明块状结晶或结晶性粉末，易溶于水，不溶于乙醇，其水溶液呈酸性。过去民间经常采用明矾净水的方法，它的原理是利用明矾在水中可以电离出铝离子，铝离子容易水解，生成氢氧化铝胶体，氢氧化铝胶体吸附能力很强，可以吸附水里悬浮的杂质，并形成沉淀，使水澄清，因此明矾是一种较好的净水剂。

二、实验目的

1．了解废弃物利用的意义及其经济价值，增强学生的环境保护意识；

2．了解用废铝罐制备明矾的实验原理；

3．练习称量、溶解、过滤、结晶、干燥等基本操作；

4．了解冰水浴的使用。

三、实验原理

废铝屑溶于浓氢氧化钾溶液，生成可溶性的四羟基合铝（Ⅲ）酸钾$\{K[Al(OH)_4]\}$；用稀硫酸调节溶液的pH值，将其转化为氢氧化铝沉淀；使氢氧化铝沉淀继续溶于硫酸，得到无色溶液，溶液浓缩后经冷却有晶体复盐析出，此复盐称为明矾$[KAl(SO_4)_2 \cdot 12H_2O]$。制备中的化学反应如下：

$$2Al+2KOH+6H_2O = 2K[Al(OH)_4]+3H_2\uparrow;$$
$$2K[Al(OH)_4]+H_2SO_4 = 2Al(OH)_3\downarrow+K_2SO_4+2H_2O;$$
$$2Al(OH)_3+3H_2SO_4 = Al_2(SO_4)_3+6H_2O;$$
$$Al_2(SO_4)_3+K_2SO_4+24H_2O = 2KAl(SO_4)_2 \cdot 12H_2O$$

四、实验仪器和药品

仪器：烧杯、玻璃棒、电子天平、漏斗、滤纸、火柴、酒精灯、三脚架、石棉网、冰块、胶头滴管、剪刀、药匙、量筒、表面皿、抽滤装置等。

药品：废旧铝制易拉罐、氢氧化钾（1mol/L）、硫酸（6mol/L）、蒸馏水。

五、实验步骤

1．用电子天平准确称取质量为1.00g左右的剪碎的铝易拉罐，并记录。

2．量取1mol/L的氢氧化钾溶液60mL于250mL烧杯中，将称量过的铝易拉罐放入烧杯中，铝会与氢氧化钾溶液反应，产生气泡速度逐渐加快。

3．用酒精灯加热烧杯，使铝箔逐渐溶解，表面产生大量气泡，最终全部溶解。

4．略冷却后，用滤纸漏斗过滤溶液，滤去溶液中的不溶物，得到无色清液。

5．将滤液转移至150mL的新烧杯中，并取25mL的6mol/L硫酸溶液在搅拌下缓慢加入烧杯中。刚加入硫酸时，烧杯中逐渐生成白色沉淀；后随着硫酸继续加入，少量沉淀溶解，但杯底仍有较多白色沉淀。

6．用酒精灯加热烧杯，使白色沉淀全部溶解；加热溶液至沸腾蒸发，待溶液剩余30～35mL时停止加热。

7．将上述试液自然冷却或先置于凉水中冷却，然后再将试液置于冰水浴中冷却。随着溶液温度降低，在烧杯底部产生白色沉淀，随着时间延长，沉淀逐渐增多，生成的沉淀量增大。

图3-17　减压抽滤装置

8．将装有试液的烧杯从冰水浴中取出，迅速倒入漏斗中过滤溶液，在滤纸上得到较多白色粉末状物质；也可采用抽滤装置（图3-17）进行过滤。

9．向白色不溶物上滴少量的蒸馏水洗涤，再次过滤，重复2次；再向不溶物上滴少量无水乙醇洗涤，干燥。

10．将已经洗净并且烘干的表面皿放在电子天平上，称量空的表面皿的质量。

11．将漏斗内晾干的固体转移到表面皿上，并且用药匙轻敲滤纸，使粘在滤纸上的固体震落到表面皿上，然后用电子天平称量此时表面皿和固体的总质量克数。

六、实验数据计算

计算明矾的产率。

铝的质量：? g

理论生成明矾的质量（如若准确为1.00g，并按纯铝计算）：

$$1.00g×474/27=17.56g$$

实际生成明矾的质量：? g

$$产率=实际生成明矾的质量/17.56g×100\%=?\ \%$$

七、实验后思考

1．铝片需要剪碎和氢氧化钠溶液反应，为什么？预测一下铝片的大小和反应速度有怎样的关系。

2．用乙醇淋洗固体的目的是什么？不淋洗会怎样呢？

3．根据图3-18的溶解度曲线，分析说明析出的固体全是明矾吗？还可能是什么物质？如果要得到纯度高的明矾固体，还得怎样的操作呢？（注意0℃=273K）。

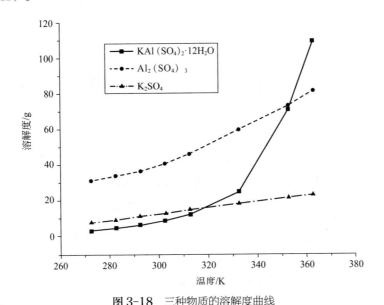

图3-18　三种物质的溶解度曲线

实验活动二　废牙刷热解再生利用实验

一、实验原理

废旧牙刷把主要是由聚苯乙烯聚合而成的，加热分解可得苯乙烯单体。如将此原理应用于工业生产工艺，则生成的单体还可以制成各种聚苯乙烯产品，达到了废物循环再生的目的。本实验将热分解得到的苯乙烯气体通入酸性高锰酸钾溶液，由于苯乙烯分子含有双键，会使高锰酸钾溶液褪色。

二、实验目的

1．了解塑料分解为单体的原理及烯烃的还原性；

2．通过废旧物品的回收再生实验，培养学生的环境保护意识。

三、实验仪器和药品

仪器：铁架台（铁夹）、带支管玻璃管、试管、酒精灯、玻璃弯管等。

药品：废旧牙刷把（主要成分为聚苯乙烯）、酸性高锰酸钾溶液、溴的四氯化碳溶液。

四、实验步骤

取一段废旧透明牙刷把（主要成分为聚苯乙烯），放入一支带导管的大试管中，加热，观察塑料软化和熔化的情况，并将分解的气体产物通入酸性高锰酸钾溶液，观察溶液颜色的变化。固体加热分解装置见图3-19。

五、实验后思考

根据实验，谈谈你对固体废物利用的途径的看法。

牙刷把
酸性 KMnO₄ 溶液

图 3-19　固体加热分解装置

实验活动三　干电池的综合利用实验

一、实验背景

环境保护是当前社会最为关心的话题之一，关注废旧电池的回收利用，创建无污染、无公害的绿色环境迫在眉睫，刻不容缓。电池给人们的生活带来很大方便，但如果不合理回收，也会给环境造成很大危害。现在，这些电池一旦用完后，一般都是随手丢弃，既浪费了宝贵的资源，又污染了环境，危害了人类身体健康。据报道，我国干电池年消耗锌接近25万吨。本着节约能源、保护环境、变废为宝的原则，进行此实验。

二、实验目的

1．了解废旧干电池的有效成分的回收利用方法；

2．熟悉无机物的实验室制备方法；

3．分离出炭粉、二氧化锰和可溶性物质，并利用废锌皮制备硫酸锌产品；

4．培养废旧物质回收利用的环境保护观念。

三、实验原理

日常生活中所用的电池为锌锰干电池，其负极为锌壳体，正极为被二氧化锰包围的石墨电极（为增强导电性，周围填充有炭粉），电解质是氯化锌及氯化铵的糊状物。在使用过程中，锌皮消耗最多，二氧化锰只起氧化作用，氯化铵作为电解质没有消耗，炭粉为填料，电池里黑色物质为二氧化锰、炭粉、氯化铵、氯化锌及氯化锰的混合物。使其混合物溶于水，滤液为氯化铵、氯化锌和氯化锰的混合物，滤渣为二氧化锰、炭粉及少量有机物的混合物；加热滤渣可除去炭粉和其他有机物，加酸溶解可分离出炭粉。干电池构造剖面图见图3-20。

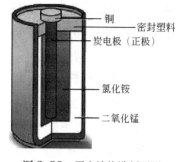

图3-20 干电池构造剖面图

锌皮可与硫酸反应生成硫酸锌，加氢氧化钠溶液调节pH在8左右，使氢氧化锌完全沉淀，过滤；此时，在沉淀中加入稀硫酸，控制pH为4时，沉淀全部溶解，生成硫酸锌，滤液酸化，加热蒸发，得到结晶硫酸锌。

四、实验仪器和药品

仪器：电子天平、各种需要的烧杯、玻璃棒、滤纸、蒸发皿、漏斗、抽滤装置、酒精灯、pH试纸、铁架台、泥三角等。

药品：二块1号废电池、2mol/L硫酸、2mol/L盐酸、2mol/L氢氧化钠、3%过氧化氢、蒸馏水。

五、实验步骤

1．剪开电池，取下塑料垫圈和铜帽，剪下锌皮，其黑色粉末置于烧杯中称重待用，用蒸馏水冲洗干净炭棒和锌皮上的黑色粉末；

2．取20g黑色粉末放入200mL烧杯中，加入50mL蒸馏水加热溶解，然后抽滤并水洗固体三次，滤液放到烧杯中用酒精灯加热浓缩到有晶体液膜（在加热到溶液一半时改为小火加热），然后冷却、结晶、抽滤得氯化铵、氯化锌和氯化锰混合物。

3．二氧化锰的制备。将滤渣蒸干并称重，取2g滤渣灼烧以除去炭粉（见图3-21），直至没有火星冒出时停止加热，冷却得黑色粉末为二氧化锰。

图3-21 滤渣灼烧

4．炭粉的制备。将2g上述步骤2余下的滤渣置于2mol/L盐酸中，反应完毕后抽滤，所得的不溶物即为炭粉，称重。

5．七水合硫酸锌的制备。称取2g锌片用水冲洗干净，转入100mL小烧杯中，加适量2mol/L的硫酸将其溶解。过滤，将得到的滤液加热到沸腾，加3%过氧化氢10滴，在不断搅拌的情况下滴加2mol/L的氢氧化钠溶液直至溶液pH为8左右，得到白色沉淀。抽滤，将得到的白色滤渣转入大烧杯中加水搅拌，再抽滤，反复3次。将白色沉淀转入烧杯中边搅拌边滴加2mol/L稀硫酸，白色沉淀逐渐溶解，滴加到pH为4左右时，加热沸腾，然后趁热过滤。将滤液转入蒸发皿中用酒精灯加热蒸发，直至有晶体膜析出，停止加热，自然冷却后将得到白色针状晶体七水合硫酸锌。用滤纸吸干、称重。

六、实验数据计算

将上述各物质进行产率计算。

七、实验说明

1．由于锌皮中混有少量的铁，硫酸溶解时有可能会产生少量的亚铁离子，为了得到纯度较高的硫酸锌，需要将亚铁离子氧化为三价铁离子，然后pH调节到3～4时生成氢氧化铁沉淀而除去。

2．在燃烧制取二氧化锰的实验过程中，火力要达到一定温度，否则炭粉会除不干净。

杀人的垃圾

俄罗斯克拉马托尔斯克的一位名叫科尔森的钳工，于3年前搬进一套三居室楼房，此后不久，他的大儿子喊叫头痛，寝食不安，眼睛迅速塌陷。经诊断，孩子得的是血液病，并且很快死去。紧接着二儿子也出现了同样的症状。据调查，在科尔森一家搬入之前，这里曾居住过一个四口之家，两个孩子和女主人都先后死于白血病。

把这一系列事件联系起来，不仅使人毛骨悚然，甚至有人把这房子称为"鬼屋"。科学家们对这所楼房进行了周密调查，终于发现了房屋杀人之谜。原来，屋顶的一块预制板内混入了少量具有放射性的核垃圾，致使房内辐射强度达200R/h ❶。而放射性垃圾就是"杀人"的元凶。

目前，全世界已有近700座核反应堆，其发电量占全球总发电量的20%，与此同时，也产生了大量的核放射性垃圾。据估计，全世界的核垃圾约近百万立方米，这些核垃圾仍具有一定的放射性，如不妥善处理，就有可能混在其他物品中害人。为了不使放射性垃圾危害社会，科学家采取多种方法进行处理，如装入防锈蚀的特别"棺材"，埋入600m深的地下；装入合金"棺材"，罩上隔热外套，送上太空轨道；合金"棺材"放进大海中钻好的竖井内封死等。

---

❶ 1R/h=2.58×10⁻⁴C/（kg·h），下同。

受此启发，科学家提出几点忠告：不要用天然花岗岩做室内装修；不要长时间居住在煤渣砖建造的房屋内；对于新建好的房子最好先进行室内环境监测，合格后再行入住。

美国洛夫运河附近的婴儿为什么畸形多

美国尼亚加拉瀑布城近郊的文化区，濒临尼亚加拉河，环境幽雅，人称"爱河"。可是自20世纪60年代以来，这里诞生的婴儿只有20%是正常的，其余的不是畸形就是早产、死产。1978年这里居民示威游行，爆发了震动全国的政治事件，要求胡克公司赔偿几十亿美元。这是怎么回事呢？

原来，这里有一条废弃的运河——洛夫运河。1942年胡克化学公司取得这块地皮后，将8万吨有毒废渣陆续堆于河道。1953年该公司填平河道，并转卖给教育部门建校舍和教师住宅，一部分卖给垦荒者耕作。20世纪60年代这里居住的2500人，开始发生生育异常现象，幼儿易出皮疹，一些地方地塌屋裂。1978年，许多房屋过早朽败，明显出现异味。环保部门做了检测，查出六六六、氯苯、氯仿、苯等82种化学物质，其中有11种有致癌危险。新生儿多有癫痫、溃疡、直肠出血等先天性病症。胡克公司自报填入化学废渣2万吨，实际上是8万吨，仅尼亚加拉大学附近的填地就含有大量致命的灭蚊剂，因此污染了附近一条河流和河边的饮水井。

1978年8月，卡特总统发布紧急法令，疏散洛夫废运河周围的居民，封闭学校和200栋住宅。至于居民索赔几十亿美元的问题，政府考虑到全国化学垃圾场已达3万吨，若均效法洛夫运河来赔偿，局面将难以收拾。故该案遂推来推去，至今仍无结果。

垃圾分类，我来做

深圳的一个居民小区最近有件喜事：居民李大伯正在竞选罗湖区的"垃圾分类投放达人"，已经成功晋级十强。李大伯在小区里知名度相当高，作为志愿者，天天义务指导、监督大家进行合理的垃圾分类投放，还积极参与垃圾分类宣传活动，忙得连看顾孙子的时间都没有了。开始家人不解，嫌他多管闲事，自己两岁的孙子不管不问，整天围着个垃圾箱转圈，有这精力不如替老伴分担一下家务！随着越来越多的邻居见到他们家人就夸李大伯，慢慢地家里也就接受了这个"热心肠"的老头了。

李大伯说，现在深圳市正在大力推行垃圾分类，这对于我们保护环境、节约资源很重要，平时对垃圾丢弃时进行分类也是件随手可以做到的事情，每个家庭都注意一下，把厨房垃圾与其他生活垃圾分开，清洁工就可以省去很多后期处理工作。垃圾分类看似麻烦，其实做起来很简单，四种颜色的垃圾筒，对应四种垃圾分类，记忆时有窍门。

绿色垃圾筒：绿色是生命的颜色，吃东西是为了给生命能量，所以绿色就放厨房垃圾。

红色垃圾筒："红灯停，绿灯行"，红色要止步，见到有害垃圾要注意，所以红色垃圾筒放有害垃圾。

蓝色垃圾筒：蓝色象征着胸怀宽广的地球，很有包容性，人类废弃的垃圾，放进去回收再利用，可以实现良性循环。

黄色垃圾筒："遇到黄灯等一等"，在红绿灯中，黄色与不确定联系起来，所以不属于上述三类的垃圾，就可扔进这个垃圾筒里了。很多老年人，本来对这四个垃圾筒的用途是搞不清楚的，听了李大伯的话，大家觉得很有道理，理解后也就记住了。

李大伯还努力想办法，调动广大居民参与的积极性。社区主任接纳了他提出的"积分"计划，效果还真不错。现在这个小区，实行了垃圾分类"实名制"，在每月发放的垃圾袋上，贴有家庭编号，月底根据分类情况给每户进行垃圾分类打分：厨房垃圾和其他垃圾投放位置准确，获5分；按垃圾分类准确程度，还可获1~5分，日积分最高为10分。当然，如果垃圾投放错误，直接是0分。一个月下来，如果积分平均值达到10分，等级就定为5星；8~9分就定为4星；6~7分定为3星；4~5分定为2星；1~3分定为1星。根据积分，按每月、每季度、每年来评定"分类星级家庭"，换取小礼品，并按星级等级级别，在小区享有特定的"优先"特权，比如小区停车优先、社区医务室看病优先等。当然，这些事情，都由小区志愿者每日乐此不疲地负责巡查评比，参与评比的居民，得到了实实在在的利益。

第五节
噪声污染与防治

在当今科技发达的21世纪，人们都生活在噪声之中，特别是城市或者工业区的居民，都时刻在承受着噪声的危害。噪声污染和大气污染、水污染及固体废物污染并列为城市四大污染，但是噪声污染却不如后者那样受到重视，以至这些年来，噪声污染在全球范围内都是有增无减。世界卫生组织曾就全世界的噪声污染情况进行了调查，结果显示，美国及发达国家的噪声污染问题越来越严重。世界卫生组织进行的全世界噪声污染调查认为，噪声污染已经成为影响人们身体健康和生活质量的严重问题。

一、噪声的概念及其特点

1. 噪声的概念

人类生存在一个有声的世界里，大自然中有风声、雨声、鸟叫、虫鸣，社会生活中有语言交流、美妙的音乐。有的声音是用来传递信息和进行社会交往的，人们在生活中不但要适应这个有声环境，也需要一定的声音满足身心的需求。但是，有些声音会影响人的生活和工作，甚至危害人体健康，是人们所不需要的声音。因此，我们可以说，噪声就是那些人们在日常工作、生活和学习中不需要的杂乱无章的令人烦恼的声音（图3-22）。

图 3-22 噪声

从物理学的角度看，声音是由物质振动引起的，以波的形式在一定的介质（如气体、液体、固体）中进行传播；而噪声是由各种不同频率、不同强度的声音杂乱、无规则地组合而成。判断一个声音是否属于噪声，仅从物理学角度判断是不够的，主观上的因素往往起着决定性的作用。例如，美妙的音乐对正在欣赏音乐的人来说是乐音，而对于正在思考、学习和休息的人来说就是令人讨厌的噪音。即使同一种声音，当人处于不同状态、不同心情时，对声音也会产生不同的主观判断，此时声音可能成为噪声或者乐音。因此，从生理学观点来看，凡是干扰人们休息、学习和工作的声音，即不需要的声音，统称为噪声。

2. 噪声的特点

噪声是一种社会公害，具有公害的特点，但也有它自身的特点，主要有以下几点。

① 噪声污染具有局部性和多发性。是指环境噪声的影响范围有限，除飞机噪声等特殊情况外，一般从声源到受害者的距离很近，不会影响很大区域，并且

噪声源分布十分分散。

② 噪声污染是物理污染，没有污染物。不像"三废"（废水、废气、废渣）污染有污染物，并且还长时间在环境残留，有持久影响；噪声污染是暂时污染，没有后效作用，噪声停止发声，污染危害即消除，并不给环境留下什么污染物质。因此，可以说噪声污染具有瞬时性特点。

③ 噪声一般不直接致病或致命，它的危害是慢性和间接的。

④ 噪声无法综合利用。与其他污染相比，噪声的再利用问题很难解决。

二、噪声的来源

向外辐射声音的振动物体称为声源。噪声源可以分为自然噪声源和人为噪声源两大类。对于自然噪声源，人类目前无法控制，我们所指的噪声主要是人为的噪声。人为噪声按照声源发生的场所地点，可以分为以下几类。

1. 工业噪声

工业噪声是指工厂里各种设备运转产生的噪声，如空压机、通风机、机床等；还有机器振动产生的噪声，如冲床、锻锤等。这些噪声的声级基本上在96～120dB之间。这些工业噪声的强度大，是造成职业性耳聋的主要原因，它不仅给企业带来危害，厂区周围的居民往往也深受其害。

2. 交通噪声

交通噪声主要来自城市的交通运输产生的噪声，包括飞机、火车、轮船和各种机动车辆。其中飞机的噪声强度最大，可达110dB以上。影响范围最大的是城市机动车辆数目的迅速增加，成为了城市的主要噪声污染源。交通噪声是移动污染源，尤其是汽车和摩托车的喇叭（电喇叭在90～95dB，汽喇叭在105～110dB）对环境影响最大，发动机声、进排气声、启动和制动声等也产生一定影响。

3. 建筑施工噪声

建筑施工噪声主要来源于建筑机械在施工时所发出的声音，包括打桩机、推土机、混凝土搅拌机等所产生的声音，这些噪声声级基本上在80～100dB之间。这些声音虽然是暂时性的，但由于声音强度大，且多发生在居民密集区，对居民休息与生活影响严重。

4. 社会生活噪声

社会生活噪声主要指社会活动和家庭生活设施产生的噪声，如娱乐场所、商业活动中心、运动场、高音喇叭、家用机械等产生的噪声。这些噪声一般声级在80dB以下，虽然声级不高，但由于和人们的日常生活联系密切，使人们在休息时得不到安静，极易让人烦恼，产生邻里纠纷。如，广场大妈的健身活动已引起众多社会纠纷，在美国纽约一支华人舞蹈队也因为在公园排练"广场舞"被投诉"扰民"，领队甚至被警察铐了起来。

三、噪声的危害

随着工业生产、交通运输、城镇建设的高速发展和城镇人口的剧增，噪声污染日趋严重。概括起来，噪声危害主要表现在以下几个方面。

1．对人体生理的影响

噪声直接对人体生理的影响是噪声引起听觉疲劳甚至耳聋。在噪声的长期作用下，听觉器官的听觉灵敏度显著降低，称作"听觉疲劳"，经过休息后，可以恢复。若听觉疲劳进一步发展，听力会受到损伤，引起轻度耳聋、中度耳聋，以至完全丧失听觉能力。

噪声的间接生理损害可引发一些疾病。噪声会使大脑皮层的兴奋和压抑失去平衡，引起头晕、头疼、耳鸣、多梦、失眠、心慌、记忆力减退、注意力不集中等症状，这些在临床上称之为"神经衰弱症"；噪声还会对心血管系统造成损伤，引起心跳加快、血管痉挛、血压升高等症状；噪声还会使人的唾液、胃液分泌减少，胃酸降低，引起肠胃功能紊乱，从而易患胃溃疡和十二指肠溃疡。

2．对人体心理的影响

噪声的心理效应反映在噪声干扰人们的交谈、休息和睡眠，从而使人感到烦恼，降低工作效率，对那些要求注意力集中的复杂作业和从事脑力劳动的人，影响更大。另外，由于噪声分散了人的注意力，容易引起工伤事故，尤其是在噪声强度超过危险报警信号和行车信号时，更容易出现事故。

3．对动物的影响

噪声对自然界的动物也有危害。如，强烈的噪声会使鸟类羽毛脱落，不产蛋，甚至内出血直至死亡。实验证明，动物在噪声场中会失去行为控制能力，不但烦躁不安，而且失去常态。如在165dB噪声场中，大白鼠会疯狂蹿跳、互相撕咬和抽搐，然后就僵直倒地死亡。

4．对建筑结构的影响

一般的噪声对建筑物几乎没有什么影响，但是噪声超过140dB时，对轻型建筑物有破坏作用。在美国统计的3000起喷气式飞机使建筑物受损害的事件中，抹灰开裂的占43%，损坏的占32%，墙裂开的占15%。

四、噪声的单位及监测评价方法

1. 噪声产生的条件

声音是一个机械波，是机械振动在弹性介质中的传播。因此，它的产生和传播必须具备两个条件，一是声源的机械振动，二是声源周围有弹性介质的存在。

声音能在其中传播的弹性介质可以是气体、液体和固体，在这些介质中传播的声音分别称为空气声、液体声和固体声，我们通常所说的是空气声。

2. 噪声的单位（dB）

声波引起空气质点振动，使大气压产生起伏，此时超过了正常的静止压力，称为声压。为表示方便，用一个声压比的对数来表示声音的大小，即声压级。声压级符号L_p，单位为分贝，记作dB。分贝是一个相对单位，为声压与基准声压之比，取以10为底的对数，再乘以20，就是声压级的分贝数。即

$$L_p = 20\lg\frac{p}{p_0}$$

式中　L_p——声压级，dB；

　　　p——声压，Pa；

　　　p_0——基准声压，2×10^{-5} Pa（空气中）。

3. 噪声级的评价方法

由于噪声强度往往是不连续的，所以，监测一个点的噪声强度，不是使用瞬间监测的一个值作为噪声强度，而是多个监测值按照能量（声功率或声压平方）相加，而不能简单地用算术平均值计算。计算方法一般有两种，一种是公式法，一种是查表法。公式法为

$$\bar{L} = 10\lg\left(\frac{1}{n}\sum_{i=1}^{n}10^{\frac{L_i}{10}}\right) = 10\lg\sum_{i=1}^{n}10^{\frac{L_i}{10}} - 10\lg n$$

式中　$\bar{L}$——n个噪声源的平均声级；

　　　L_i——第i个噪声源的声级；

　　　n——噪声源的个数。

【例1】设有两个声压级L_1（dB）和L_2（dB）相加合，求合成的声压级$L_{1+2}=$?

解：$L_1=20\lg\dfrac{p_1}{p_0}$，$L_2=20\lg\dfrac{p_2}{p_0}$

$p_1=p_0 10^{\frac{L_1}{20}}$，$p_2=p_0 10^{\frac{L_2}{20}}$

$(p_{1+2})^2=(p_1)^2+(p_2)^2$

（n个声波叠加公式为：$p_{总}^2=p_{1+2+\cdots+n}^2=p_1^2+p_2^2+\cdots+p_n^2$）

即：$(p_{1+2})^2=(p_0)^2(10^{\frac{L_1}{10}}+10^{\frac{L_2}{10}})$

$(\dfrac{p_{1+2}}{p_0})^2=10^{\frac{L_1}{10}}+10^{\frac{L_2}{10}}$

$L_{1+2}=20\lg(\dfrac{p_{1+2}}{p_0})=10\lg(\dfrac{p_{1+2}}{p_0})^2=10\lg(10^{\frac{L_1}{10}}+10^{\frac{L_2}{10}})$

【例2】假设$L_1=80$（dB），$L_2=80$（dB），求$L_{1+2}=?$

解：$L_{1+2}=10\lg(10^{\frac{L_1}{10}}+10^{\frac{L_2}{10}})=10\lg(10^{\frac{80}{10}}+10^{\frac{80}{10}})$

$=10\lg[2\times10^8]=10\lg2+10\lg10^8=3+80=83$（dB）

4. A声级

声音的频率反映了声音音调的高低，声压级只能反映人们对音响和强度的感觉，还不能反映出人们对频率的感觉。由于人的耳朵对高频声音比对低频声音更为敏感，因此声压级相同而频率不同的声音，听起来有不同的感觉。如，大型离心压缩机和活塞压缩机的噪声声压级都是90dB，但前者是高频，后者是低频，前者听起来比后者响得多。这样，欲表示噪声的强弱，就必须同时考虑声压级和频率对人的作用，这种共同作用的强弱称为噪声级。噪声级可用噪声计测量，它能把声音转化为电压，经过处理后用电表指示分贝数。噪声计中设有几种网络特性，其中A网络可将声音的低频大部分滤掉，由A网络测出来的噪声级称为A声级。A声级对于在时间上连续、频率分布比较均匀的宽频带噪声的测量结果，与人耳的主观响度感觉有较好的一致性，因此现在大部分采用A声级来衡量噪声的强弱，其单位为分贝，符号为dB（A）。A声级越高，人们越觉得吵闹。

5. 等效连续A声级

由于许多地方的噪声是时有时无、时强时弱的，例如公路两侧的噪声，当有车辆通过时，测得A声级就大，当没有车辆通过时，测得的A声级就小。这与从具有稳定声源的地方测出的A声级数值不同。为了较为准确地评价噪声强弱，1971年国际标准化组织（ISO）公布了等效连续A声级（简称L_{eq}）。在进行一般噪声测定时，由于都是以一定的时间间隔来读数的，比如每隔5s读一个数，那么可采取以下公式计算等效A声级。

$$L_{eq}=10\lg\frac{1}{n}\sum_{i=1}^{n}10^{\frac{L_i}{10}}$$

式中　L_{eq}——等效连续A声级；

　　　L_i——第i个噪声源的声级；

　　　n——读得的噪声级L_i的总个数。

五、我国噪声环境功能区域标准

我国在《声环境质量标准》（GB 3096—2008）和《声环境功能区划分技术规范》（GB/T 15190—2014）中规定了城市五类环境噪声标准及其适应区域划分的原则和方法，适用于各个城乡规划区域。现分述如下。

1. 区域划分原则

① 区划应以城市规划为指导，按区域规划用地的主导功能、用地现状确定。应覆盖整个城市规划区面积。

② 区划应便于城市环境噪声管理和促进噪声治理。

③ 单块的声环境功能区面积，原则上不小于$0.5km^2$。山区等地形特殊的城市，可根据城市的地形特征确定适宜的区域面积。

④ 调整声环境功能区类别需进行充分的说明。严格控制4类声环境功能区范围。

⑤ 根据城市规模和用地变化情况，噪声区划可适时调整，原则上不超过5年调整一次。

2. 区域划分依据

① GB 3096中各类标准适用区域。

② 城市性质、结构特征、城市规划及城市用地现状。

③ 区域环境噪声污染特点和城市环境噪声管理的要求。

④ 城市的行政区划及城市的地形地貌。

3. 各类区域环境噪声允许限值

我国在《声环境质量标准》（GB 3096—2008）中规定的城市五类声环境功能区噪声允许限值见表3-10。

表3-10　五类声环境功能区噪声允许限值　　　单位：dB（A）

类别		时段	
		昼间	夜间
0		50	40
1		55	45
2		60	50
3		65	55
4	4a类	70	55
	4b类	70	60

4．五类声环境噪声标准适用的区域

① 0类声环境功能区：指康复疗养区等特别需要安静的区域。

② 1类声环境功能区：指以居民住宅、医疗卫生、文化教育、科研设计、行政办公为主要功能，需要保持安静的区域。

③ 2类声环境功能区：指以商业金融、集市贸易为主要功能，或者居住、商业、工业混杂，需要维护住宅安静的区域。

④ 3类声环境功能区：指以工业生产、仓储物流为主要功能，需要防止工业噪声对周围环境产生严重影响的区域。

⑤ 4类声环境功能区：指交通干线两侧一定距离之内，需要防止交通噪声对周围环境产生严重影响的区域，包括4a类和4b类两种类型。4a类为高速公路、一级公路、二级公路、城市快速路、城市主干路、城市次干路、城市轨道交通（地面段）、内河航道两侧区域；4b类为铁路干线两侧区域。

六、噪声污染控制的基本途径

噪声在整个传播过程中有三个要素，即声源、传播途径和接受者。只有当声源、传播途径和接受者三个因素同时存在时，噪声才能对人体造成干扰和危害。因此，控制噪声可以从控制噪声源、控制噪声传播途径及个人防护三个方面入手，进行综合整治。其控制的一般程序是：优先噪声源的控制，其次是传播途径的控制，最后是对接受者进行保护。

1．控制噪声源的措施

控制噪声源主要是通过降低噪声源本身的噪声，这才是治本的方法。可通过以下几个方面的途径加以解决：①研制和选用无噪声或低噪声的设备，如改进设计，以焊接代铆、以液压代冲压和气动等；②提高机械加工、装配及安装精度，以减少机械振动和摩擦产生的噪声；③使用减低噪声的新技术新工艺，如高压高速流体要降压降速等。

2. 控制噪声传播途径的措施

在噪声传播途径上，可采用吸声、隔声、声屏障、隔振等措施：①合理布局，主要噪声源要尽量远离办公室、实验室，噪声源点要尽可能集中；②充分利用自然屏障，可充分利用天然树林、山冈、山坡、高大建筑物等地形阻隔噪声的传播；③利用声源的指向性特点进行控制，如高压锅炉排气、高炉放风等要朝天或旷野方向排放。

3. 个人防护措施

在声源和传播途径上无法采取措施，或采取的措施仍不能达到预期效果，仍然可能出现噪声污染时，就需要对受声者或受声器官采取防护措施。如噪声暴露环境下的工人可以戴耳塞、防声棉，飞机驾乘人员要配以耳罩等措施。

复习思考题

1. 什么是噪声？对人体有什么危害？

2. 按照声源发生的场所，可以把噪声分为四类：① _____；② _____；③ _____；④ _____。你觉得对你影响最大的噪声是 _____。

3. 控制噪声污染有哪些措施？

4. 两个声源为90dB的噪声相叠加后的总噪声L_{eq}是多少？

本节实验安排

实验活动 校园环境噪声监测

一、实验背景

噪声为人们生活和工作所不需要的声音。从物理现象判断，一切无规律的或随机的声信号叫噪声，噪声的判断还与人们的主观感觉和心理因素有关，即一切不希望存在的干扰声都叫噪声。噪声可能是由自然现象所产生，也可能是由人类活动所造成，它可以是杂乱无章的声音，也可以是和谐的乐音，只要超出了人们的生活、生产和社会活动所允许的声音都称噪声，所以在某些时候、某些情形下音乐也可能成为噪声。

校园是国家规定噪声标准中执行1类标准的区域，需要保持安静的区域，但校外杂乱的噪声及校内一些社会活动所引起的噪声都会对校园的声环境产生影响。本实验采用城市环境噪声监测方法，利用声级计dB（A）进行监测。

二、实验目的

1．训练学生独立完成环境噪声监测任务的能力；

2．使学生学会简单声级计的使用方法；

3．学会对非稳态无规则噪声监测数据的处理方法，并对监测结果进行分析和评价。

三、实验仪器与测量条件

1．仪器：普通声级计。

2．声级计工作原理：声音经空气传播产生声压，声压由传声器膜片接收后，将声压信号转换为电信号，再由输入放大器进行定量放大，放大后的信号由计权网络进行计权。仪器的设计是模拟人耳对不同频率具有不同灵敏度的听觉响应，对输出信号经检波后送出有效值电压，推动数字显示器，显示所测的声压级分贝值。

3．测量条件：要求在无雨无雪的天气条件下进行，声级计保持传声器膜片清洁，在户外测量时要在传声器上装上风罩（以避免风噪声引起的干扰），四级以上大风应停止测量。

4．测量时要求：手持声级计测量，要求传声器距离地面1.2m，距离人体50cm（图3-23）。

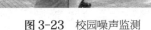

图3-23　校园噪声监测

四、实验步骤

1．将本校园内你自己觉得应该监测的有意义的地点作为测量点，若所选测量点的位置不宜测量，可移到旁边能够测量的位置。

2．声级计读数选择A加权网络，每隔5s读一个瞬时A声级，连续读取30个，读数同时要判断和记录附近主要噪声来源（如交通噪声、施工噪声等）和天气条件。

3．实验数据原始记录：

①测量时间：　　年　　月　　日　　时　　分

②测量时天气状况：

③ 测量详细地点：

④ 噪声源：

⑤ 取样间隔：5s

⑥ 取样总次数：要求30次，并记录每次读数

⑦ 计权网络：A加权网络

⑧ 快慢档：慢档

⑨ 使用测量仪器名称、型号：

⑩ 测量人署名：

五、实验数据计算

校园内环境噪声是随时间而起伏的无规律噪声，因此测量结果一般用统计值或等效声级来表示，本实验用等效声级dB（A）表示。

将各监测点的测量数据按以下公式计算出每个监测点的噪声分贝数。

$$L_{eq}=10\lg\frac{1}{n}\sum_{i=1}^{n}10^{\frac{L_i}{10}}$$

对照国家校园环境噪声标准，评价校园噪声污染情况。

环境与我

过分安静为什么反而对人体不好

居住在城市里的居民，都希望有一个无噪声的环境，但是完全的无声环境对人体是无益的。

美国有一座高层建筑，使用不久就有不少居民血压降低、白细胞数量减少、忧郁失眠。经过专家反复检测，原来这些症状是由于大楼每个房间吸音性能过于良好所致。后来有一位工程师想出了主意，在每个房间装上一台小型振动机，发出轻微而不规则的声音，没过几天，这些居民便心情开朗，很快恢复了健康。

自古以来就有听松涛、闻溪水有益身心的说法。鸟语、虫鸣、溪水潺潺、松涛阵阵，宛如大自然的交响曲，不仅可陶冶情操、使人心旷神怡，而且能给人体神经系统以良好的刺激，从而改善神经系统对机体的调节功能。

所以，我们需要的是一个既没有噪声污染，又要有和谐、优美声音的环境，绝不是那种一丝声音也没有的"无声世界"。

噪声危害实例

1．中世纪国外流行一种刑罚制度，就是"钟下刑"，让死刑犯站在巨大钟下，让噪声刺激犯人死亡。

2．1959年美国有10个志愿者做听飞机噪声试验，当飞机在头顶10～12m高度飞行时，6人当场死亡，另外4人数小时后也死亡，医生验尸结论是死于噪声引起的脑出血。

3．疯狂音乐令人致死。1981年美国举行现代派露天音乐会，音乐会期间，300多听众突然失去知觉，昏迷不醒，出动了100多辆救护车抢救。当时大夫称是由于震耳欲聋的现代派音乐极度刺激所引起的恶果。

4．国外有3位乐队指挥在指挥疯狂爵士乐和摇摆乐时突然倒地死去。

5．1961年7月，一名日本青年到东京找工作，由于住在铁路附近，日夜被频繁过往的客货车噪声折磨，患了失眠症，不堪忍受痛苦，终于自杀身亡。同年10月，东京都品川区的一个家庭，母子3人因忍受不了附近建筑器材厂发出的噪声，试图自杀，未遂。

6．1997年7月27日上午，一架B3875型飞机超低空飞行至中国新民市大民屯镇大南岗村和西章士台村进行病虫害飞防作业。由于飞机三次超低空飞临鸡舍上空，所产生的噪声使鸡群受到惊吓，累计死亡1021只。而鸡舍内未死亡的肉食鸡由于受到惊吓而生长缓慢，出栏的平均体重减少近1kg，养鸡主利用法律手段获得赔偿9万余元。

7．美国芝加哥国际机场是世界上最繁忙的机场之一，每年运输量达到70万次，来往客人达3600万人，平均每天起落2000次，24h"嗡嗡"声不断。严重干扰周围的居民和其他人员的正常工作和休息。

第六节
食品安全与污染防治

民以食为天，食以安为先。食物是人们赖以生存和发展的最基本、最重要的物质基础，也是国家安定、社会发展的根本要求。随着人民生活水平的不断提高，对食品的质量提出了更高的要求，食品安全问题也成了人们极为关注的问题。近年来，食品行业引发的禽流感、"三鹿奶粉""苏丹红"等食品安全事件，以及人们对转基因食品安全性的疑惑，无一不牵动着广大民众的心，引起人们的恐慌，令人们提心吊胆（图3-24），也给国家造成了严重的安全风险危机。食品安全问题已引起了我国政府的高度重视。同时，食品问题事关民生福祉、经济发展、社会和谐、民族尊严和国家形象，因而也成为了当今国际社会普遍关注的重大社会问题。

图 3-24　食品安全对人心理影响

一、食品安全的概念及安全食品的级别

作为维系人类生产和生活活动的第一需求，食品的基本功能必须满足人体的生理营养需要，同时保证对人体无害。对于食品安全的定义，在2018年12月修订的《中华人民共和国食品安全法》中做出了这样的描述："食品安全，指食品无毒、无害，符合应当有的营养要求，对人体健康不造成任何急性、亚急性或者慢性危害。"

实际上，食品安全是一个相对的概念，脱离真实环境下的绝对食品安全是不存在的。食品安全说到底是一个执行标准问题，即食品安全中的危害因素不得超过规定的标准值；危害因素被控制在一定限量内的食品，在法律意义上就是安全食品。真正的食品安全可以从以下五个方面来评价。

① 营养成分。食品的主要用途就是提供必要的营养，但食品提供的营养元素过剩或缺失，都会造成对人体的营养性危害，特别是对特定人群的影响更大。如2004年安徽发生的"大头娃娃"事件就是因为奶粉中营养元素严重缺乏，致使婴儿停止生长造成的。

② 天然毒性成分。指食品中天然自带、生长产生、贮存生成的有毒有害物质。如海豚鱼体内含有剧毒物，只有通过特殊的烹饪加工才能消除体内毒素而食用，否则会引起人们中毒。

③ 微生物污染。食品是微生物良好生长的培养物质，食品的腐败变质、食物中毒和食源性疾病（食源性疾病是指通过摄食而进入人体的有毒有害物质等致病因子所造成的疾病），绝大多数都是由微生物引起。因此，控制微生物繁殖是保证食品不变质的主要方法。

④ 食品添加剂。对于食品添加剂，国家允许的，实行限用；国家禁止的，

不得添加使用。违背这个原则，就会造成食品安全风险。目前，我国食品添加剂的滥用，是食品安全的一大主要问题。

⑤ 化学成分。指食物中含有的有毒、有害化学物质，包括直接加入和间接带入的，这些物质达到了一定的含量就可引起急性中毒。如，腐竹、米粉中使用"吊白块"，虽然外观好看，但食物中引入了对人体有毒有害的化学物质。

我国对于安全食品分为三个级别，即无公害食品、绿色食品和有机食品。

① 无公害食品。是指无污染、无毒害、安全优质的食品，要求无公害食品生产地环境清洁，按规定的技术操作规程生产，农药、重金属、硝酸盐、激素等有毒物质控制在安全、健康允许范围内，符合国家、行业和地方有关强制标准的安全和营养食品。

② 绿色食品。是指按可持续发展原则和特定的生产方式生产，从保护和改善生态环境入手，在种植、养殖、加工过程中执行规定的技术标准和操作规程，限制或禁止使用化肥、农药及其他有毒有害的生产资料，实施从"农田到餐桌"的全过程质量控制，以保护生态环境，保障食品更安全，提高产品质量。绿色食品分A级和AA级二级标准，AA级是比A级质量更高的绿色食品。安全食品标志见图3-25。

A级绿色食品　　　　AA级绿色食品　　　　有机食品

图3-25　安全食品标志

③ 有机食品。有机食品是根据有机农业原则和有机产品的生产、加工标准生产出来的，经过有机食品认证组织颁发证书，供给人们食用的一切食品。有机农业是一种完全不用人工合成的肥料、农药、生长调节剂和饲料添加剂的生产体系，禁止使用基因工程产品。

以上三级食品中，绿色食品和有机食品的质量要求比无公害食品的质量要求更高。安全食品的级别及要求见表3-11。

表3-11　安全食品的级别及要求

分项	无公害食品	绿色食品	有机食品
产地环境	环境良好，对大气、水体、土壤等理化指标无严格要求	大气、水体、土壤等质量标准当年监测符合标准	洁净、无污染；原料产地至少3年未使用人工合成化学物质

分项	无公害食品	绿色食品	有机食品
生产过程	现代技术综合应用	以农业、物理、生物技术为主，化学技术为辅	严禁使用化学合成物质和转基因技术
化肥、农药、激素	限量使用，禁止高毒、高残留农药	允许少量使用	禁止使用
加工	无严格要求	主要原料符合标准、其他均有明确规定	95%原材料必须符合有机食品标准，对厂区、设备、工艺、卫生条件和生产人员有严格要求
包装	无严格要求	要求标准一般	场地清洁、包装材料无污染
认证	农业部认证产品，省级农业行政主管部门认证产地	农业部绿色食品发展中心	国际有机农业运动联盟；国际有机认证中心；中国质量认证中心

二、环境污染对食品安全的影响

环境中大气、水体和土壤的污染对食品的安全主要表现在环境中的污染因子在生长在环境中的动物和植物体内产生富集，在食品的源头已经产生了严重的影响。

1. 大气污染对食品安全的影响

大气污染物可以直接被人和动物、植物吸收，也可以通过沉降和降雨而污染水体和土壤。虽然一些植物对大气污染物有很强的抵抗能力，并且在一定的限度内可以吸收大量的污染物，从而起到净化的作用。但是，若污染程度超过了一定的限度，即超过了植物的生理忍耐程度，植物就会受到相应的伤害，长期暴露在大气污染环境中的农作物，污染毒物就会在植物体内外富集，影响食品的安全性。

大气污染植物的机理主要是污染因子以气体或气溶胶状态通过植物气孔进入体内，使细胞和组织受到伤害，生理功能和生长发育受阻，品质变坏。大气污染物种类繁多，能对人体和动物、植物产生危害的有100多种，但在我国主要是以二氧化硫、氟化物、光化学烟雾这几种污染物影响最大。

2. 水体污染对食品安全的影响

水体污染对食品安全的影响，主要是通过污水中的有害物质在动物和植物体内聚集，给食品的安全带来严重影响。目前，我国三分之一的河段受到污染，90%以上的城市水域污染严重，90%的地下水遭到不同程度的污染，其中有60%

污染严重。水体污染是通过污水灌溉方式对农作物造成污染，污水中有毒物质通过植物的根系吸收，向植物的地上部分及果实转移，使有害物质在作物中积累，造成食物的源头安全隐患。对动物渔业的污染主要表现在有害物质直接通过水体进入生活在水体中的水生动物体内并蓄积，进而被人食用而影响人。水体污染对食品安全的危害见表3-12。

表3-12 水体污染对食品安全的危害

污染对象	危害表现
种植业	① 作物叶片或其他器官受害，导致生育障碍、产量降低； ② 某些化学物质在农产品内积累，并通过食物链影响人类健康； ③ 水体污染使土壤理化性状发生变化，影响微生物活动及土壤性能，进而影响植物生长
渔业	① 水中大量溶解性有机物分解时消耗溶解氧，造成水中氧不足使水生生物缺氧死亡； ② 水中氮磷物质丰富，藻类迅速繁殖，由于富营养化而引起的水生生物死亡； ③ 重金属直接危害水生生物，或通过富集作用使水生生物体内重金属含量提高，影响水产品质量
畜牧业	畜禽饮用水、加工用水受污染均可影响畜禽产品的品质

水体中的污染物主要有以下几类影响食品的安全性：①无机有毒物，包括重金属（汞、铬、铅、镉等）和氰化物、氟化物等；②有机有毒物，如有机农药、苯酚、多环芳烃等具有积累性的稳定的化合物；③病原体，主要是医院、畜禽饲养场、生活污水等排放的废水中的病毒、病菌和寄生虫等；④石油类污染物。

3. 土壤污染对食品安全的影响

土壤是植物赖以生存的物质基础，是污染物累积的重要介质。当外界污染物质在土壤中的积累量达到一定程度，超过了土壤自净能力的限度或者超过了土壤环境基准或土壤环境标准，导致了土壤生产力的下降和破坏，使植物和微生物受到危害的同时使产品中的污染物含量超过食品卫生标准，构成了对植物和人体直接或间接的危害就称之为土壤污染。从农产品加工食品安全的角度考虑，大气和水体中的污染物最终都是通过迁移和转化进入土壤，继而通过植物—动物—人体这个食物链，最终危害人体健康。进入土壤的污染物不断增加，会导致土壤结构严重破坏，土壤微生物和小动物严重减少或死亡，农作物产量明显降低，收获的农作物内的毒物残留量会很高，从而影响了食品安全。

我国的土壤污染现状已经十分严重，正在向不同区域发展，并对各种农产品品质产生严重影响。根据2014年我国发布的新中国成立以来第一次全国土壤污染状况调查公报显示：截至2013年底，我国土壤侵蚀面积达294.91万平方公里，占普查范围总面积的31.12%，全国土壤总的污染超标率达到16.1%。公报还显示，我国西南和中南地区的土壤重金属超标范围较大。目前，全国受污染的耕地约有1.5亿亩，耕地污染总体点超标率高达19.4%，其中中度污染占1.8%，重度污染占1.1%。

由于土壤污染具有隐蔽性、潜伏性和长期性，其严重后果能通过食物给动物和人类造成危害，因而不易被人们察觉和重视。因此，改善土壤质量，控制和修复土壤污染，才能实现食品安全，保障人体健康。

三、食品污染及其危害

食品污染是指食品在种植或饲养、生长、收割或宰杀、加工、贮存、运输、销售到食用前的各个环节中，由于环境和人为因素的作用，可能使食品受到有毒有害物质的侵袭而造成污染，使食品的营养价值和卫生质量降低，这个过程就叫做食品污染（图3-26）。

图 3-26　多途径食品污染

食品污染将会给人类社会造成严重危害，主要有以下几个方面。

1. 食品污染严重影响消费者的健康与生命安全

食品被污染后，食品不再具有安全性，这将给消费者的健康和生命造成严重威胁。据世界卫生组织统计，每年约200万人因食品污染而死亡，其中多数是儿童。被细菌、病毒、寄生虫及化学物质污染的食品可导致从腹泻到癌症等200多种疾病发生；不安全的食品造成疾病和营养不良的恶性循环，疾病发生率会大幅度上升。

食品安全不仅影响消费者的身体健康，而且还危害消费者的心理健康。我国近年来出现的"地沟油""假羊肉"等食品安全事件，严重挑战了社会道德底线，危害消费者心理健康，产生了恶劣的影响。

2. 食品污染使经济遭受巨大损失

食品污染造成的食物中毒和食源性疾病导致疾病人群增加，给受害地区造成严重的经济损失。如，英国发生疯牛病后，因宰杀"疯牛"造成的经济损失高达300亿美元。我国2004年暴发的禽流感，食品安全问题导致的损失非常大，自2004年1月27日我国卫生部门宣布发现禽流感，疫情至2月27日，鸡肉的价格已经从每公斤8.4元降至3元，损失很大；如果加上饲料业、餐饮业、加工业和运销业的影响，损失就更大了。

3. 食品污染严重影响食品的国际贸易

在经济全球化的背景下，一国的食品安全事件很容易扩散到整个世界范围，食品贸易的安全问题也因此成为各国贸易关注的焦点，再加上贸易自由化，各国为了保护本国企业的利益，纷纷寻找借口实行贸易保护主义，而食品行业恰恰是最容易以技术性贸易措施为借口来进行贸易保护的行业之一。各国往往以人类、动植物健康及环境保护为由，制定各种严格的食品安全标准和检验、检疫措施对食品进行限制。

食品污染对国际贸易的影响，我国这些年有血的教训。近年来我国暴发的食品安全事件严重影响了食品行业的形象，给中国的食品出口企业带来了信誉危机，也使食品出口贸易遭受了巨大的经济损失，成为我国食品行业参与国际竞争的硬伤。如，欧盟不允许我国的牛肉等产品进入欧盟市场，对进口中国茶叶的检测指标从原来的72项增加到134项；美国不允许我国的苹果等产品进入到美国市场；而日本则将从中国进口的大米农药残留量检测标准提高了30%。

农药残留和兽药残留超标是我国食品出口受限的主要因素。2002年初，日本认定我国的出口蔬菜农药残留超标，就大大提高了进口蔬菜的技术标准，将蔬菜的检测安全卫生指标由6项增加到40多项，鸡肉检查项目为40多项，果汁检查80多项，大米检查91项。受此影响，当年中国对日本的出口增幅为负数，次年增幅又持续下降。还有，2002年欧盟全面封锁我国动物源性产品的进口，理由是药品残留超标，仅此一案就波及我国94家企业，贸易金额达6.23亿美元。近年来，我国因食品污染遭受世界其他国家贸易壁垒的案例不胜其数。

出口食品被扣留或退货，不仅使我国蒙受了巨大的经济损失，更为重要的是使我国食品在国际上的信誉丧失，这就会使从我国进口食品的国家对我国食品产生不信任感，从而影响以后的贸易往来，或者会使这些国家转而向其他国家寻求新的进口源，或者对我国产品提出更为严格的要求，或者在进口我国的产品时加强各方面的检验，这些都会对我国的贸易极为不利。

4. 食品污染威胁社会稳定和国家安全

食品污染问题社会关注度高，一旦出现问题，容易引起公众的强烈不满，甚至引发社会骚乱。尤其是在信息高度透明的互联网的今天，哪怕仅是个案，一经网络传播渲染放大，也有可能酿成群体性抗议事件。从国际上的教训来看，食品安全问题在严重危害人类身体健康的同时，也给民众造成了很大的心理恐惧和心理障碍。问题严重的时候，还会影响到消费者对政府的信任。如，比利时的"二噁英"事件导致执政长达40年之久的社会党政府内阁垮台；德国2001年出现疯牛病后，卫生部部长和农业部部长也被迫辞职。

随着社会和现代文明的发展，现在人们对食物的需求变得更加多元化，更加需要品种多样、营养丰富和安全的食品。如何利用有限的监督管理资源，满足公众日益增长的对安全食品的需要，已经成为考验各国治国水平的一道难题，也是世界各国协同共治的一个课题。

四、当前我国食品安全存在的主要问题

1. 微生物污染是影响我国食品卫生和安全的最主要的因素

微生物污染包括细菌性污染、病毒和真菌及其毒素的污染，而其中细菌性污染又是涉及面最广、影响最大、问题最多的一种污染。近年来，我国微生物性食物中毒人数最多。国家在2011年进行的食源性疾病（即食用不洁食品而造成的疾病）调查监测显示，我国平均6.5人中就有一人次患食源性疾病，每年有9400万人患上细菌性食源性疾病，其中约340万人因此住院，超过8500人死亡。据世界卫生组织调查，全世界每年有数以亿计的食源性疾病患者，其中有70%是由各种致病微生物污染的食品和饮用水引起的。

2. 农产品生产源头污染严重

农产品产地环境污染严重，直接威胁农产品的产地安全，种植、养殖过程中滥用化肥、农药、兽药、饲料添加剂等，是造成农产品质量下降的主要原因。

① 化肥。化肥肥料主要为氮肥、磷肥和钾肥。化肥污染主要表现在过量的氮肥投入，我国化肥的单位面积平均使用量是全球的4倍，早已是全球化肥使用量最多的国家；氮肥（折纯氮）使用量每年在2500万吨左右，过量使用化肥导致我国土地目前只能吸收30%的肥料，而其余70%全部进入土壤中被大量沉积下来，有些流失污染地表水及地下水，致使投入的氮肥不仅不能被作物全部吸收利用，反而会引起作物中硝酸盐含量过高，并污染土壤及水资源环境。硝酸盐被环境中的还原剂还原为亚硝酸盐，亚硝酸盐可进一步生成亚硝胺和亚硝酰胺，而亚硝酸盐、亚硝胺和亚硝酰胺均是致癌物质。

②　农药。当今世界上最迫切的需要之一就是从有限的可利用的土地上生产出尽可能多的食物，以此来满足日益增长的世界人口的需求。而农作物病虫害是影响农业产量的主要生物灾害，农药防治仍是目前我国防治病虫害的最主要的手段和措施。我国单位土地面积农药使用量比世界发达国家高出一倍多，长期、大量、超常使用农药导致农药残留超标，严重影响农产品的质量安全，阻碍农产品的对外贸易，同时还严重污染和破坏了农业生态环境，使我国农业可持续发展面临严重挑战。

③　兽药。兽药的应用极大地促进了畜牧业的发展，但兽药的残留会对人体健康产生不利的影响，主要表现为细菌产生耐药性、急性毒性中毒、三致（致畸、致癌、致突变）等作用。

④　饲料添加剂。主要表现在：饲料中添加违禁药品；超范围使用饲料添加剂，还有使用未经审定批准的饲料添加剂；不按规定使用药物饲料添加剂；使用含有毒素的霉变的饲料饲养牲畜等。

3. 食品在加工生产过程中存在的问题不容忽视

非法添加和掺杂使假仍然是我国现阶段突出的食品安全问题。主要表现在食品企业在生产过程中超量和滥用食品添加剂；非法使用未经批准的食品添加剂；食品加工企业未能严格按照工艺进行操作，微生物灭杀不完全，导致食品残留病原微生物在储藏和消费过程中发生微生物腐败而造成食品安全问题；从事食品加工的人员素质较低，部分从业人员未经健康体检导致食品安全问题等。

4. 食品流通环节存在问题

仓储、储运、货柜达不到标准，致使许多出厂合格的产品，在流通环节变成了不合格甚至成为腐败变质的食品。同时，由于管理不善，一些假冒伪劣产品也堂而皇之进入店堂出售。

五、防治食品污染的安全保证措施

从整体上看，近年来我国的食品安全状况有很大的改善，但要进一步解决我国的食品安全问题，还应做好以下几个方面的工作。

1. 加强宣传教育，提高全民食品安全意识

①　对全民进行食品安全知识的宣传教育，利用一切媒体宣传食品安全知识以及科学种、养殖知识等；②加强环保宣传教育，强化全民的环保意识；③加强

社会主义法制教育，明确自己肩负的社会责任；④加强道德、诚信教育，建立社会信用、企业信用和个人信用的意识，形成诚信的社会氛围。只有全民素质提高了，食品安全问题才能从根本上得到解决。

2. 强化企业责任

要加强农产品的监管，合理种植和使用农药化肥，实现规模种植或规模养殖，从源头上保证食品的质量。另外，食品生产企业也要生产安全的食品，因为它不仅是企业长期生存的基本前提和根本保证，也是其应该具备的社会责任和基本道德。因此，必须严格按照食品标准生产和加工食品；要建立从原材料进厂到产品出厂的全程质量监控，不能仅仅把重点关注在最终产品的监测上，还要对原辅材料的供应、食品加工、流通等每一个环节进行分析、控制，发现质量问题，及时处理，把损失减少到最低限度。

3. 提高检测技术和能力，为保障食品安全提供技术支撑

无论是源头管理、产品抽检还是进出口把关等都要有相应的检测手段。因此，质检机构要加强硬件建设，不断充实新的仪器设备，配备先进的测试手段；还要有一批高素质的专业检测人员，不但精于检测工作，了解检测技术的发展趋势和动态，具有较高的理论造诣和丰富的实际工作经验，还要了解当前食品的制假动态，捕捉产品的违禁添加物，为打击假冒伪劣食品提供依据。

4. 政府应当切实履行好其监管职责，加强对食品质量的安全监管

作为监管主体的食品监管部门，必须高度重视食品监督工作，以"零容忍"的态度，"零风险"的追求，全面清除影响食品安全的不利因素，通过最严格的制度约束及监督检查，最严厉的制度执行以及最严厉的惩戒问责，真正形成全过程监管的制度体系，全员参与的共治氛围，确保广大人民群众"舌尖上的安全"。

复习思考题

1. 什么是食品安全？简述我国安全食品的三个级别。

2. 绿色食品必须具备哪些基本条件？

3. 什么是食品污染？食品污染给人们造成什么危害？

 **本节实验安排**

实验活动一 食物中常见元素的测定

一、实验背景

食品是人类生存的重要物质基础，而食品检验是食品安全的技术保证，成为加强对食品生产、加工、流通、贮藏等各个环节质量控制的关键技术手段，了解和掌握食品检测技术，对于食品安全的监控具有重要意义。

二、实验仪器和药品

仪器：酒精灯、火柴、镊子、研钵、试管、试管夹、铁架台、导管、橡胶塞等。

药品：块状生猪油（脂肪）、馒头（碳水化合物）、头发及肉末（蛋白质）、碱石灰（氢氧化钙固体）、氧化铜粉末、红色石蕊试纸、澄清石灰水等。

三、实验步骤

1. 加热食物

实验步骤及现象：分别取少量下列物质放在酒精灯上加热，直至开始燃烧，观察实验现象并闻燃烧气味。

① 一小块馒头（碳水化合物）；

② 一小块生猪油（脂肪）；

③ 若干根头发（蛋白质）。

提示：它们在燃烧时气味的不同，燃烧的碳水化合物有种焦糖的气味，燃烧的脂肪发出一种能使人流泪的丙烯醛气味，加热蛋白质生成类似氨的化合物。

2. 将氧化铜与食物共热（食物中碳元素的测定）

实验步骤及现象：将一小块馒头加热至变黑，剩下炭渣；用研钵研细，与氧化铜充分混合后，装入硬质试管中，在酒精灯上加热，用导管将生成的气体通入盛有澄清石灰水的试管中，石灰水变浑浊，证明气体产物为二氧化碳，同时试管中有红色的铜生成（图3-27）。实验原理为：

图3-27 固-固加热反应

澄清的石灰水

$$2CuO(s) + C(s) = 2Cu(s) + CO_2(g)$$

$$CO_2(g) + Ca(OH)_2(aq) = CaCO_3(s) + H_2O$$

3. 将碱石灰与食物混合加热（食物中氮元素的测定）

实验步骤及现象：将肉末与碱石灰混合后放入试管中加热，用湿润的红色石蕊试纸放在试管口处，观察现象。

提示：从试管口散发出的气体为氨气，刺激性气味，该气体能使红色石蕊试纸变蓝，证明食物与碱石灰共热产生氨气，而氨中的氮一定来自食物。

实验活动二　电浮选凝聚法处理食品污水

一、实验目的

1．了解污水的危害及污水处理常用的方法；

2．了解电浮选凝聚法处理食品污水的原理及装置；

3．培养学生树立环境保护意识。

二、实验仪器和药品

仪器：电解槽、烧杯、直流电源、导线。

药品：污水（加洗涤剂和油污）的水溶液、稀硫酸、氢氧化钠溶液、硫酸钠溶液、铝片、铁片、炭棒、pH试纸。

三、实验原理

铁片、铝片、直流电源、导线、污水形成闭合回路，与直流电源正极相连的阳极铁失去电子生成二价铁离子，进一步被氧化，并生成氢氧化铁沉淀，氢氧化铁沉淀有吸附性，可吸附污物而沉积下来，具有净水的作用。与直流电源负极相连的阴极产生氢气，气泡把污水中的悬浮物带到水面形成浮渣层，积累到一定厚度时刮去浮渣层，即起到了浮选净化的作用。

阳极：$Fe-2e = Fe^{2+}$　$2H_2O-4e = O_2\uparrow+4H^+$

阴极：$2H^++2e = H_2\uparrow$

溶液中的反应：$4Fe^{2+}+10H_2O+O_2\xrightarrow{通电}4Fe(OH)_3\downarrow+8H^+$

如用铝片作阳极，铝将失去电子形成三价铝离子，在溶液中形成氢氧化铝胶体，氢氧化铝胶体具有净水作用，也起到了处理污水的作用。

四、实验步骤

1．取洗涤液100mL（内含洗涤剂和油污）调节pH值到5～6，加入少许的硫酸钠，溶解后倒入电解槽。

2．从直流电源的两极引出来两根导线，分别在电源的正极连接铁片，负极连接导电体（如铝片或炭棒均可），两电极平行置入电解槽，将电压调节到10～20V，打开开关开始电解实验。

3．通电20～30min后关闭电源，并与处理前的污水做对比。污水静置片刻，用玻璃棒搅动处理后的污水，静置大约15min观察何有变化（图3-28和图3-29）。

图3-28　处理前污水　　　　图3-29　处理后污水

4．过滤处理后的水，测量pH值，并与处理前做对比。

五、实验说明

1．处理液中加入硫酸钠溶液是为了增加溶液的导电性。

2．作阳极的电极可以是铁片或铝片，铁片电解时生成氢氧化铁胶体及氢氧化铁沉淀，铝片电解时生成氢氧化铝胶体，二者对溶液中的杂质均具有吸附作用。

3．随着电解的进行，溶液的pH值升高。

4．电解液调至pH=5～6，是为了便于形成氢氧化铁胶体，酸性过高或碱性过高都不利于胶体的形成。

实验活动三　酱油中食盐含量的测定

一、实验目的

1．熟悉沉淀滴定法的基本操作；

2．了解实验原理、过程及注意事项；

3．掌握沉淀滴定法对实际样品酱油的分析测定。

二、实验原理

以铬酸钾作为指示剂，用硝酸银标准溶液在中性或弱碱性溶液中对氯离子进行测定，形成溶解度较小的白色氯化银沉淀和溶解度相对较大的砖红色铬酸银沉淀。溶液中首先析出氯化银沉淀，至接近反应等当点时，氯离子浓度迅速降低，沉淀剩余氯离子所需的银离子则不断增加，当增加到生成铬酸银所需的银离子浓度时，则同时析出氯化银及铬酸银沉淀，溶液呈现砖红色，指示到达终点。反应式如下：

$$Ag^+ + Cl^- = AgCl\downarrow（白色）（K_{sp} = 1.8 \times 10^{-10}）$$

$$2Ag^+ + CrO_4^{2-} = Ag_2CrO_4\downarrow（砖红色）（K_{sp} = 2.0 \times 10^{-12}）$$

三、实验仪器和药品

仪器：移液管（10mL、5mL）、锥形瓶（250mL）、容量瓶（100mL、1000mL）、烧杯（100mL）、分析天平（万分之一）。

药品：蒸馏水、铬酸钾、硝酸银、氯化钠（干燥）（所用试剂均为分析纯）。

四、实验步骤

1．0.01mol/L硝酸银标准溶液的配制

称取硝酸银1.7000g，溶于水中，移入1000mL容量瓶内，加蒸馏水至刻度，摇匀，待用。

2．50g/L铬酸钾指示剂溶液的配制

称取铬酸钾5g，溶于水中，移入100 mL容量瓶中，加水至刻度，摇匀，待用。

3．待测样品的滴定

准确移取酱油5.00mL至1000mL容量瓶中，加水至刻度，摇匀。吸取10.00mL稀释液置于250mL的锥形瓶中，加50mL水及1mL 50g/L的铬酸钾溶液，混匀。在白色瓷砖或白纸的背景下用0.01 mol/L的硝酸银标准溶液滴定至出现砖红色（少量铬酸银与氯化银的混合色——浅橘红色，见图3-30和图3-31），同时做空白试验。

图3-30 滴定前

（见文后彩图3-30）

图3-31 滴定终点时

（见文后彩图3-31）

五、实验数据计算

酱油中氯化钠的含量用下式计算：

$$X=(V_1-V_2)\,c\times 10^{-3}\times 200\times 10\times 58.5$$

式中　X——酱油中氯化钠的含量，g/100mL；

　　　c——硝酸银标准溶液的浓度，mol/L；

　　　V_1——滴定终点时硝酸银标准溶液在滴定管的刻度数，mL；

　　　V_2——滴定开始时硝酸银标准溶液在滴定管的刻度数，mL；

　　　58.5——氯化钠的摩尔质量，g/mol。

填写酱油中氯化钠滴定记录表（表3-13）。

表3-13　酱油中氯化钠滴定记录

次数	1	2	3
V_1/mL			
V_2/mL			
ΔV/mL			
X/（g/100mL）			

六、实验结果分析

本次实验用以铬酸钾为指示剂的银量法测定酱油中的氯化钠含量，影响该方法灵敏度的因素很多，主要有以下几个方面：

1．指示剂的加入量。由于铬酸钾溶液呈黄色，其用量直接影响终点误差，浓度颜色影响终点观察。一般在100mL溶液中加入2mL浓度为50g/L的铬酸钾溶液，测定终点误差在滴定分析所允许的误差范围内。

2．酱油本身的颜色。由于酱油本身色泽很深，测定时稀释100倍及用白色瓷砖增强背景对比度，但存留的色泽仍会严重干扰终点的准确判定。故应选择那些色彩较浅的生抽酱油，以减少酱油本身颜色对滴定的影响。

3．滴定时振动溶液的程度。因氯化银沉淀对溶液中的氯离子有显著的吸附作用，在等当点前（等当点前；Ag^++Cl^- ══ $AgCl$ 白色沉淀；等当点时；$2Ag^+ + CrO_4^{2-}$ ══ Ag_2CrO_4 砖红色沉淀），氯离子浓度因被吸附而降低，会导致铬酸银提前于等当点前析出，从而使最终滴定结果比实际含量偏低，故在滴定过程中，应剧烈振动溶液，使被吸附的氯离子解析出来和银离子作用，从而确保检验结果的准确性。

4．硝酸银标准溶液的标定也可以用基准物质分析纯氯化钠标定，其方法如下。

准确称取干燥氯化钠0.1170g，于250mL的锥形瓶中，加100mL水溶解，并加入1mL 50g/L的铬酸钾溶液，混匀。在白色瓷砖的背景下用0.1mol/L的硝酸银标准溶液滴定至出现浅橘红色。

标定后硝酸银标准溶液的浓度用下式计算：

$$c_{AgNO_3} = \frac{m_{NaCl}}{58.45 \times \Delta V} \times 1000$$

填写表3-14。

表3-14　硝酸银标准溶液的标定

次数	1	2	3
m_{NaCl}/g			
V_1/ mL			
V_2/ mL			
ΔV/ mL			
c_{AgNO_3}/（mol/L）			
平均c_{AgNO_3}/（mol/L）			

我国几大食品安全事件

1．2006年苏丹红鸭蛋事件

据央视《每周质量报告》2006年11月12日报道，在北京市场上，一些打着白洋淀"红心"旗号的鸭蛋宣称是在白洋淀水边散养的鸭子吃了小鱼小虾后生出的。但当地养鸭户却表示，这种红心鸭蛋并不是出自白洋淀，正宗白洋淀产的鸭蛋心根本不红，而是呈橘黄色，主要吃玉米饲料。据央视随后调查，河北省某些养鸭户和养鸭基地，在鸭子吃的饲料里添加了一种"红药"，这样生出来的鸭蛋呈现鲜艳的红心，而且加得越多，蛋心就越红。当地人都把这种加了红药的蛋叫"药蛋"，自己从来不吃。经过中国检验检疫科学院食品安全研究所检测，发现这些鸭蛋样品里含有偶氮染料苏丹红Ⅳ号，含量最高达到了0.137mg/kg，相当于每公斤鸭蛋里面含有0.137mg。苏丹红分为Ⅰ、Ⅱ、Ⅲ、Ⅳ号，都是工业染料，有致癌性。苏丹红Ⅳ号颜色更加红艳，常被用来做鞋油、油漆等工业色素，毒性更大，国际癌症研究机构将苏丹红Ⅳ号列为三类致癌物。当时，北京市食品安全办对检测不合格的红心鸭蛋采取了紧急下架控制措施，并加大了排查对象和检测力度，责令有关单位停止购进、销售和使用检出苏丹红的咸鸭蛋。对已经购买了被检测确定为含有苏丹红的红心鸭蛋的消费者，商业企业和市场主办单位应无条件退货。

2．2008年三鹿"三聚氰胺奶粉"事件

2008年6月28日，兰州市解放军第一医院收治了首宗患"肾结石"的婴幼儿。家长反映，孩子从出生起，就一直食用河北石家庄三鹿集团所产的三鹿婴幼儿奶粉。7月中旬，甘肃省卫生厅接到医院婴儿泌尿结石病例报告后，随即展开调查，并报告卫生部。随后短短两个多月，该医院收治的患婴人数，迅速扩大到14名。9月11日，除甘肃省外，中国其他省区都有类似案例发生。经相关部门调查，高度怀疑石家庄三鹿集团的产品受到三聚氰胺污染。9月13日，卫生部证实，三鹿牌奶粉中含有的三聚氰胺，是不法分子为增加原料奶或奶粉的蛋白含量而人为加入的。三鹿毒奶案由2008年12月27日开始在河北开庭研审，2009年1月22日判决。该事件总共有6个婴孩因喝了毒奶死亡，逾30万儿童患病。2009年2月三鹿集团宣告破产。

3．2011年"瘦肉精"事件

2011年3月15日上午，央视《每周质量报告》播出了3·15特别节目《"健美猪"真相》。报道称，河南孟州等地采用违禁动物用药"瘦肉精"饲养的有毒猪，流入了双汇集团下属的济源双汇。该事件曝光后，各地超市的双汇产品纷纷下架，并立刻引起农业部、商务部等国家部委的高度重视。2011年3月25日，相关记者从"瘦肉精"事件国务院联合工作组获悉，河南"瘦肉精"事件所涉案件调查取得重要突破，肇事"瘦肉精"来源基本查明，发现并捣毁了"瘦肉精"的制造窝点。有关部门已对涉嫌生产、销售和使用"瘦肉精"的违法犯罪嫌疑人采取了强制措施，同时河南省有多名公职人员在此事件过程中涉嫌渎职犯罪，被立案侦查。据媒体报道，双汇集团在此次事件中损失惨重，销售额锐减，股票大跌。与此同时，各级政府和各相关部门以及双汇集团都根据相关法律法规的规定，陆续进行了瘦肉精专项整治工作，以切实保障人民群众的食品安全和生命安全。

附录 I
中华人民共和国环境保护法

（1989年12月26日第七届全国人民代表大会常务委员会第十一次会议通过
2014年4月24日第十二届全国人民代表大会常务委员会第八次会议修订）

第一章 总则

第一条 为保护和改善环境，防治污染和其他公害，保障公众健康，推进生态文明建设，促进经济社会可持续发展，制定本法。

第二条 本法所称环境，是指影响人类生存和发展的各种天然的和经过人工改造的自然因素的总体，包括大气、水、海洋、土地、矿藏、森林、草原、湿地、野生生物、自然遗迹、人文遗迹、自然保护区、风景名胜区、城市和乡村等。

第三条 本法适用于中华人民共和国领域和中华人民共和国管辖的其他海域。

第四条 保护环境是国家的基本国策。

国家采取有利于节约和循环利用资源、保护和改善环境、促进人与自然和谐的经济、技术政策和措施，使经济社会发展与环境保护相协调。

第五条 环境保护坚持保护优先、预防为主、综合治理、公众参与、损害担责的原则。

第六条 一切单位和个人都有保护环境的义务。

地方各级人民政府应当对本行政区域的环境质量负责。

企业事业单位和其他生产经营者应当防止、减少环境污染和生态破坏，对所造成的损害依法承担责任。

公民应当增强环境保护意识，采取低碳、节俭的生活方式，自觉履行环境保护义务。

第七条 国家支持环境保护科学技术研究、开发和应用，鼓励环境保护产业发展，促进环境保护信息化建设，提高环境保护科学技术水平。

第八条 各级人民政府应当加大保护和改善环境、防治污染和其他公害的财政投入，提高财政资金的使用效益。

第九条 各级人民政府应当加强环境保护宣传和普及工作，鼓励基层群众性自治组织、社会组织、环境保护志愿者开展环境保护法律法规和环境保护知识的宣传，营造保护环境的良好风气。

教育行政部门、学校应当将环境保护知识纳入学校教育内容，培养学生的环境保护意识。

新闻媒体应当开展环境保护法律法规和环境保护知识的宣传，对环境违法行为进行舆论监督。

第十条 国务院环境保护主管部门，对全国环境保护工作实施统一监督管理；县级以上地方人民政府环境保护主管部门，对本行政区域环境保护工作实施统一监督管理。

县级以上人民政府有关部门和军队环境保护部门，依照有关法律的规定对资源保护和污染防治等环境保护工作实施监督管理。

第十一条 对保护和改善环境有显著成绩的单位和个人，由人民政府给予奖励。

第十二条 每年6月5日为环境日。

第二章 监督管理

第十三条 县级以上人民政府应当将环境保护工作纳入国民经济和社会发展规划。

国务院环境保护主管部门会同有关部门，根据国民经济和社会发展规划编制国家环境保护规划，报国务院批准并公布实施。

县级以上地方人民政府环境保护主管部门会同有关部门，根据国家环境保护规划的要求，编制本行政区域的环境保护规划，报同级人民政府批准并公布实施。

环境保护规划的内容应当包括生态保护和污染防治的目标、任务、保障措施等，并与主体功能区规划、土地利用总体规划和城乡规划等相衔接。

第十四条 国务院有关部门和省、自治区、直辖市人民政府组织制定经济、技术政策，应当充分考虑对环境的影响，听取有关方面和专家的意见。

第十五条 国务院环境保护主管部门制定国家环境质量标准。

省、自治区、直辖市人民政府对国家环境质量标准中未作规定的项目，可以制定地方环境质量标准；对国家环境质量标准中已作规定的项目，可以制定严于国家环境质量标准的地方环境质量标准。地方环境质量标准应当报国务院环境保护主管部门备案。

国家鼓励开展环境基准研究。

第十六条 国务院环境保护主管部门根据国家环境质量标准和国家经济、技术条件，制定国家污染物排放标准。

省、自治区、直辖市人民政府对国家污染物排放标准中未作规定的项目，可以制定地方污染物排放标准；对国家污染物排放标准中已作规定的项目，可以制定严于国家污染物排放标准的地方污染物排放标准。地方污染物排放标准应当报国务院环境保护主管部门备案。

第十七条 国家建立、健全环境监测制度。国务院环境保护主管部门制定监测规范，会同有关部门组织监测网络，统一规划国家环境质量监测站（点）的设置，建立监测数据共享机制，加强对环境监测的管理。

有关行业、专业等各类环境质量监测站（点）的设置应当符合法律法规规定和监测规范的要求。

监测机构应当使用符合国家标准的监测设备，遵守监测规范。监测机构及其负责人对监测数据的真实性和准确性负责。

第十八条 省级以上人民政府应当组织有关部门或者委托专业机构，对环境状况进行调查、评价，建立环境资源承载能力监测预警机制。

第十九条 编制有关开发利用规划，建设对环境有影响的项目，应当依法进行环境影响评价。

未依法进行环境影响评价的开发利用规划，不得组织实施；未依法进行环境影响评价的建设项目，不得开工建设。

第二十条 国家建立跨行政区域的重点区域、流域环境污染和生态破坏联合防治协调机制，实行统一规划、统一标准、统一监测、统一的防治措施。

前款规定以外的跨行政区域的环境污染和生态破坏的防治，由上级人民政府协调解决，或者由有关地方人民政府协商解决。

第二十一条 国家采取财政、税收、价格、政府采购等方面的政策和措施，鼓励和支持环境保护技术装备、资源综合利用和环境服务等环境保护产业的发展。

第二十二条　企业事业单位和其他生产经营者，在污染物排放符合法定要求的基础上，进一步减少污染物排放的，人民政府应当依法采取财政、税收、价格、政府采购等方面的政策和措施予以鼓励和支持。

第二十三条　企业事业单位和其他生产经营者，为改善环境，依照有关规定转产、搬迁、关闭的，人民政府应当予以支持。

第二十四条　县级以上人民政府环境保护主管部门及其委托的环境监察机构和其他负有环境保护监督管理职责的部门，有权对排放污染物的企业事业单位和其他生产经营者进行现场检查。被检查者应当如实反映情况，提供必要的资料。实施现场检查的部门、机构及其工作人员应当为被检查者保守商业秘密。

第二十五条　企业事业单位和其他生产经营者违反法律法规规定排放污染物，造成或者可能造成严重污染的，县级以上人民政府环境保护主管部门和其他负有环境保护监督管理职责的部门，可以查封、扣押造成污染物排放的设施、设备。

第二十六条　国家实行环境保护目标责任制和考核评价制度。县级以上人民政府应当将环境保护目标完成情况纳入对本级人民政府负有环境保护监督管理职责的部门及其负责人和下级人民政府及其负责人的考核内容，作为对其考核评价的重要依据。考核结果应当向社会公开。

第二十七条　县级以上人民政府应当每年向本级人民代表大会或者人民代表大会常务委员会报告环境状况和环境保护目标完成情况，对发生的重大环境事件应当及时向本级人民代表大会常务委员会报告，依法接受监督。

第三章　保护和改善环境

第二十八条　地方各级人民政府应当根据环境保护目标和治理任务，采取有效措施，改善环境质量。

未达到国家环境质量标准的重点区域、流域的有关地方人民政府，应当制定限期达标规划，并采取措施按期达标。

第二十九条　国家在重点生态功能区、生态环境敏感区和脆弱区等区域划定生态保护红线，实行严格保护。

各级人民政府对具有代表性的各种类型的自然生态系统区域，珍稀、濒危的野生动植物自然分布区域，重要的水源涵养区域，具有重大科学文化价值的地质构造、著名溶洞和化石分布区、冰川、火山、温泉等自然遗迹，以及人文遗迹、古树名木，应当采取措施予以保护，严禁破坏。

第三十条 开发利用自然资源，应当合理开发，保护生物多样性，保障生态安全，依法制定有关生态保护和恢复治理方案并予以实施。

引进外来物种以及研究、开发和利用生物技术，应当采取措施，防止对生物多样性的破坏。

第三十一条 国家建立、健全生态保护补偿制度。

国家加大对生态保护地区的财政转移支付力度。有关地方人民政府应当落实生态保护补偿资金，确保其用于生态保护补偿。

国家指导受益地区和生态保护地区人民政府通过协商或者按照市场规则进行生态保护补偿。

第三十二条 国家加强对大气、水、土壤等的保护，建立和完善相应的调查、监测、评估和修复制度。

第三十三条 各级人民政府应当加强对农业环境的保护，促进农业环境保护新技术的使用，加强对农业污染源的监测预警，统筹有关部门采取措施，防治土壤污染和土地沙化、盐渍化、贫瘠化、石漠化、地面沉降以及防治植被破坏、水土流失、水体富营养化、水源枯竭、种源灭绝等生态失调现象，推广植物病虫害的综合防治。

县级、乡级人民政府应当提高农村环境保护公共服务水平，推动农村环境综合整治。

第三十四条 国务院和沿海地方各级人民政府应当加强对海洋环境的保护。向海洋排放污染物、倾倒废弃物，进行海岸工程和海洋工程建设，应当符合法律法规规定和有关标准，防止和减少对海洋环境的污染损害。

第三十五条 城乡建设应当结合当地自然环境的特点，保护植被、水域和自然景观，加强城市园林、绿地和风景名胜区的建设与管理。

第三十六条 国家鼓励和引导公民、法人和其他组织使用有利于保护环境的产品和再生产品，减少废弃物的产生。

国家机关和使用财政资金的其他组织应当优先采购和使用节能、节水、节材等有利于保护环境的产品、设备和设施。

第三十七条 地方各级人民政府应当采取措施，组织对生活废弃物的分类处置、回收利用。

第三十八条 公民应当遵守环境保护法律法规，配合实施环境保护措施，按照规定对生活废弃物进行分类放置，减少日常生活对环境造成的损害。

第三十九条 国家建立、健全环境与健康监测、调查和风险评估制度；鼓励和组织开展环境质量对公众健康影响的研究，采取措施预防和控制与环境污染有关的疾病。

第四章　防治污染和其他公害

第四十条 国家促进清洁生产和资源循环利用。

国务院有关部门和地方各级人民政府应当采取措施，推广清洁能源的生产和使用。

企业应当优先使用清洁能源，采用资源利用率高、污染物排放量少的工艺、设备以及废弃物综合利用技术和污染物无害化处理技术，减少污染物的产生。

第四十一条 建设项目中防治污染的设施，应当与主体工程同时设计、同时施工、同时投产使用。防治污染的设施应当符合经批准的环境影响评价文件的要求，不得擅自拆除或者闲置。

第四十二条 排放污染物的企业事业单位和其他生产经营者，应当采取措施，防治在生产建设或者其他活动中产生的废气、废水、废渣、医疗废物、粉尘、恶臭气体、放射性物质以及噪声、振动、光辐射、电磁辐射等对环境的污染和危害。

排放污染物的企业事业单位，应当建立环境保护责任制度，明确单位负责人和相关人员的责任。

重点排污单位应当按照国家有关规定和监测规范安装使用监测设备，保证监测设备正常运行，保存原始监测记录。

严禁通过暗管、渗井、渗坑、灌注或者篡改、伪造监测数据，或者不正常运行防治污染设施等逃避监管的方式违法排放污染物。

第四十三条 排放污染物的企业事业单位和其他生产经营者，应当按照国家有关规定缴纳排污费。排污费应当全部专项用于环境污染防治，任何单位和个人不得截留、挤占或者挪作他用。

依照法律规定征收环境保护税的，不再征收排污费。

第四十四条 国家实行重点污染物排放总量控制制度。重点污染物排放总量控制指标由国务院下达，省、自治区、直辖市人民政府分解落实。企业事业单位在执行国家和地方污染物排放标准的同时，应当遵守分解落实到本单位的重点污染物排放总量控制指标。

对超过国家重点污染物排放总量控制指标或者未完成国家确定的环境质量目标的地区，省级以上人民政府环境保护主管部门应当暂停审批其新增重点污染物排放总量的建设项目环境影响评价文件。

第四十五条 国家依照法律规定实行排污许可管理制度。

实行排污许可管理的企业事业单位和其他生产经营者应当按照排污许可证的要求排放污染物；未取得排污许可证的，不得排放污染物。

第四十六条 国家对严重污染环境的工艺、设备和产品实行淘汰制度。任何单位和个人不得生产、销售或者转移、使用严重污染环境的工艺、设备和产品。

禁止引进不符合我国环境保护规定的技术、设备、材料和产品。

第四十七条 各级人民政府及其有关部门和企业事业单位，应当依照《中华人民共和国突发事件应对法》的规定，做好突发环境事件的风险控制、应急准备、应急处置和事后恢复等工作。

县级以上人民政府应当建立环境污染公共监测预警机制，组织制定预警方案；环境受到污染，可能影响公众健康和环境安全时，依法及时公布预警信息，启动应急措施。

企业事业单位应当按照国家有关规定制定突发环境事件应急预案，报环境保护主管部门和有关部门备案。在发生或者可能发生突发环境事件时，企业事业单位应当立即采取措施处理，及时通报可能受到危害的单位和居民，并向环境保护主管部门和有关部门报告。

突发环境事件应急处置工作结束后，有关人民政府应当立即组织评估事件造成的环境影响和损失，并及时将评估结果向社会公布。

第四十八条 生产、储存、运输、销售、使用、处置化学物品和含有放射性物质的物品，应当遵守国家有关规定，防止污染环境。

第四十九条 各级人民政府及其农业等有关部门和机构应当指导农业生产经营者科学种植和养殖，科学合理施用农药、化肥等农业投入品，科学处置农用薄膜、农作物秸秆等农业废弃物，防止农业面源污染。

禁止将不符合农用标准和环境保护标准的固体废物、废水施入农田。施用农药、化肥等农业投入品及进行灌溉，应当采取措施，防止重金属和其他有毒有害物质污染环境。

畜禽养殖场、养殖小区、定点屠宰企业等的选址、建设和管理应当符合有关法律法规规定。从事畜禽养殖和屠宰的单位和个人应当采取措施，对畜禽粪便、尸体和污水等废弃物进行科学处置，防止污染环境。

县级人民政府负责组织农村生活废弃物的处置工作。

第五十条 各级人民政府应当在财政预算中安排资金，支持农村饮用水水源地保护、生活污水和其他废弃物处理、畜禽养殖和屠宰污染防治、土壤污染防治和农村工矿污染治理等环境保护工作。

第五十一条 各级人民政府应当统筹城乡建设污水处理设施及配套管网，固体废物的收集、运输和处置等环境卫生设施，危险废物集中处置设施、场所以及其他环境保护公共设施，并保障其正常运行。

第五十二条 国家鼓励投保环境污染责任保险。

第五章　信息公开和公众参与

第五十三条 公民、法人和其他组织依法享有获取环境信息、参与和监督环境保护的权利。

各级人民政府环境保护主管部门和其他负有环境保护监督管理职责的部门，应当依法公开环境信息、完善公众参与程序，为公民、法人和其他组织参与和监督环境保护提供便利。

第五十四条 国务院环境保护主管部门统一发布国家环境质量、重点污染源监测信息及其他重大环境信息。省级以上人民政府环境保护主管部门定期发布环境状况公报。

县级以上人民政府环境保护主管部门和其他负有环境保护监督管理职责的部门，应当依法公开环境质量、环境监测、突发环境事件以及环境行政许可、行政处罚、排污费的征收和使用情况等信息。

县级以上地方人民政府环境保护主管部门和其他负有环境保护监督管理职责的部门，应当将企业事业单位和其他生产经营者的环境违法信息记入社会诚信档案，及时向社会公布违法者名单。

第五十五条 重点排污单位应当如实向社会公开其主要污染物的名称、排放方式、排放浓度和总量、超标排放情况，以及防治污染设施的建设和运行情况，接受社会监督。

第五十六条 对依法应当编制环境影响报告书的建设项目，建设单位应当在编制时向可能受影响的公众说明情况，充分征求意见。

负责审批建设项目环境影响评价文件的部门在收到建设项目环境影响报告书后，除涉及国家秘密和商业秘密的事项外，应当全文公开；发现建设项目未充分征求公众意见的，应当责成建设单位征求公众意见。

第五十七条 公民、法人和其他组织发现任何单位和个人有污染环境和破坏生态行为的，有权向环境保护主管部门或者其他负有环境保护监督管理职责的部门举报。

公民、法人和其他组织发现地方各级人民政府、县级以上人民政府环境保护主管部门和其他负有环境保护监督管理职责的部门不依法履行职责的，有权向其上级机关或者监察机关举报。

接受举报的机关应当对举报人的相关信息予以保密，保护举报人的合法权益。

第五十八条 对污染环境、破坏生态，损害社会公共利益的行为，符合下列条件的社会组织可以向人民法院提起诉讼：

（一）依法在设区的市级以上人民政府民政部门登记；

（二）专门从事环境保护公益活动连续五年以上且无违法记录。

符合前款规定的社会组织向人民法院提起诉讼，人民法院应当依法受理。

提起诉讼的社会组织不得通过诉讼牟取经济利益。

第六章 法律责任

第五十九条 企业事业单位和其他生产经营者违法排放污染物，受到罚款处罚，被责令改正，拒不改正的，依法作出处罚决定的行政机关可以自责令改正之日的次日起，按照原处罚数额按日连续处罚。

前款规定的罚款处罚，依照有关法律法规按照防治污染设施的运行成本、违法行为造成的直接损失或者违法所得等因素确定的规定执行。

地方性法规可以根据环境保护的实际需要，增加第一款规定的按日连续处罚的违法行为的种类。

第六十条 企业事业单位和其他生产经营者超过污染物排放标准或者超过重点污染物排放总量控制指标排放污染物的，县级以上人民政府环境保护主管部门可以责令其采取限制生产、停产整治等措施；情节严重的，报经有批准权的人民政府批准，责令停业、关闭。

第六十一条 建设单位未依法提交建设项目环境影响评价文件或者环境影响评价文件未经批准，擅自开工建设的，由负有环境保护监督管理职责的部门责令停止建设，处以罚款，并可以责令恢复原状。

第六十二条 违反本法规定，重点排污单位不公开或者不如实公开环境信息的，由县级以上地方人民政府环境保护主管部门责令公开，处以罚款，并予以公告。

第六十三条　企业事业单位和其他生产经营者有下列行为之一，尚不构成犯罪的，除依照有关法律法规规定予以处罚外，由县级以上人民政府环境保护主管部门或者其他有关部门将案件移送公安机关，对其直接负责的主管人员和其他直接责任人员，处十日以上十五日以下拘留；情节较轻的，处五日以上十日以下拘留：

（一）建设项目未依法进行环境影响评价，被责令停止建设，拒不执行的；

（二）违反法律规定，未取得排污许可证排放污染物，被责令停止排污，拒不执行的；

（三）通过暗管、渗井、渗坑、灌注或者篡改、伪造监测数据，或者不正常运行防治污染设施等逃避监管的方式违法排放污染物的；

（四）生产、使用国家明令禁止生产、使用的农药，被责令改正，拒不改正的。

第六十四条　因污染环境和破坏生态造成损害的，应当依照《中华人民共和国侵权责任法》的有关规定承担侵权责任。

第六十五条　环境影响评价机构、环境监测机构以及从事环境监测设备和防治污染设施维护、运营的机构，在有关环境服务活动中弄虚作假，对造成的环境污染和生态破坏负有责任的，除依照有关法律法规规定予以处罚外，还应当与造成环境污染和生态破坏的其他责任者承担连带责任。

第六十六条　提起环境损害赔偿诉讼的时效期间为三年，从当事人知道或者应当知道其受到损害时起计算。

第六十七条　上级人民政府及其环境保护主管部门应当加强对下级人民政府及其有关部门环境保护工作的监督。发现有关工作人员有违法行为，依法应当给予处分的，应当向其任免机关或者监察机关提出处分建议。

依法应当给予行政处罚，而有关环境保护主管部门不给予行政处罚的，上级人民政府环境保护主管部门可以直接作出行政处罚的决定。

第六十八条　地方各级人民政府、县级以上人民政府环境保护主管部门和其他负有环境保护监督管理职责的部门有下列行为之一的，对直接负责的主管人员和其他直接责任人员给予记过、记大过或者降级处分；造成严重后果的，给予撤职或者开除处分，其主要负责人应当引咎辞职：

（一）不符合行政许可条件准予行政许可的；

（二）对环境违法行为进行包庇的；

（三）依法应当作出责令停业、关闭的决定而未作出的；

（四）对超标排放污染物、采用逃避监管的方式排放污染物、造成环境事故以及不落实生态保护措施造成生态破坏等行为，发现或者接到举报未及时查处的；

（五）违反本法规定，查封、扣押企业事业单位和其他生产经营者的设施、设备的；

（六）篡改、伪造或者指使篡改、伪造监测数据的；

（七）应当依法公开环境信息而未公开的；

（八）将征收的排污费截留、挤占或者挪作他用的；

（九）法律法规规定的其他违法行为。

第六十九条　违反本法规定，构成犯罪的，依法追究刑事责任。

第七章　附则

第七十条　本法自2015年1月1日起施行。

附录 Ⅱ
环境空气功能区分类和质量要求

《环境质量空气标准》（GB 3095—2012）中规定如下。

环境空气功能区分为二类：一类区为自然保护区、风景名胜区和其他需要特殊保护的区域；二类区为居住区、商业交通居民混合区、文化区、工业区和农村地区。

环境空气功能区质量要求：一类区适用一级浓度限值；二类区适用二级浓度限值。一、二类环境空气功能区质量要求见附表2-1和附表2-2。

附表2-1　环境空气污染物基本项目浓度限值

序号	污染物项目	平均时间	浓度限值		单位
			一级	二级	
1	二氧化硫（SO_2）	年平均	20	60	$\mu g/m^3$
		24h平均	50	150	
		1h平均	150	500	

在实验室中学环保

序号	污染物项目	平均时间	浓度限值		单位
			一级	二级	
2	二氧化氮（NO₂）	年平均	40	40	μg/m³
		24h平均	80	80	
		1h平均	200	200	
3	一氧化碳（CO）	24h平均	4	4	mg/m³
		1h平均	10	10	
4	臭氧（O₃）	日最大8h平均	100	160	μg/m³
		1h平均	160	200	
5	颗粒物（粒径≤10μm）	年平均	40	70	
		24h平均	50	150	
6	颗粒物（粒径≤2.5μm）	年平均	15	35	
		24h平均	35	75	

附表2-2 环境空气污染物其他项目浓度限值

序号	污染物项目	平均时间	浓度限值		单位
			一级	二级	
1	总悬浮颗粒物（TSP）	年平均	80	200	μg/m³
		24h平均	120	300	
2	氮氧化物（NOₓ）	年平均	50	50	
		24h平均	100	100	
		1h平均	250	250	
3	铅（Pb）	年平均	0.5	0.5	
		季平均	1	1	
4	苯并[a]芘（BaP）	年平均	0.001	0.001	
		24h平均	0.0025	0.0025	

注：1. 本标准自2016年1月1日起在全国实施；

　　2. 本标准适用于环境质量管理与评价。

附录Ⅲ
生活饮用水水质常规指标及限值

《生活饮用水卫生标准》（GB 5749—2006）中规定的水质常规指标及限值见附表3-1。

附表3-1　水质常规指标及限值

分类	编号	项 目	限 值
微生物指标	1	总大肠菌群/（MPN/100mL或CFU/100mL）	不得检出
	2	耐热大肠菌群/（MPN/100mL或CFU/100mL）	不得检出
	3	大肠埃希氏菌/（MPN/100mL或CFU/100mL）	不得检出
	4	菌落总数/（CFU/mL）	100
毒理指标	5	砷/（mg/L）	0.01
	6	镉/（mg/L）	0.005
	7	铬（六价）/（mg/L）	0.05
	8	铅/（mg/L）	0.01
	9	汞/（mg/L）	0.001
	10	硒/（mg/L）	0.01
	11	氰化物/（mg/L）	0.05
	12	氟化物/（mg/L）	1.0
	13	硝酸盐（以N计）/（mg/L）	10，地下水源限制时为20
	14	三氯甲烷/（mg/L）	0.06
	15	四氯化碳/（mg/L）	0.002
	16	溴酸盐（使用臭氧时）/（mg/L）	0.01
	17	甲醛（使用臭氧时）/（mg/L）	0.9
	18	亚氯酸盐（使用二氧化氯消毒时）/（mg/L）	0.7
	19	氯酸盐（使用复合二氧化氯消毒时）/（mg/L）	0.7
感观性状和一般化学指标	20	色度（铂钴色度单位）	15
	21	浑浊度（散射浊度单位）/NTU	1，水源与净水技术条件限制时为3
	22	臭和味	无异臭、异味
	23	肉眼可见物	无
	24	pH	不小于6.5且不大于8.5
	25	溶解性总固体/（mg/L）	1000
	26	总硬度（以$CaCO_3$计）/（mg/L）	450
	27	耗氧量（COD_{Mn}法，以O_2计）/（mg/L）	3，水源限制，原水耗氧量>6mg/L时为5
	28	挥发酚类（以苯酚计）/（mg/L）	0.002
	29	阴离子合成洗涤剂/（mg/L）	0.3
	30	铝/（mg/L）	0.2
	31	铁/（mg/L）	0.3

分类	编号	项 目	限 值
感观性状和一般化学指标	32	锰/（mg/L）	0.1
	33	铜/（mg/L）	1.0
	34	锌/（mg/L）	1.0
	35	氯化物/（mg/L）	250
	36	硫酸盐/（mg/L）	250
放射性指标	37	总α放射性/（Bq/L）	0.5
	38	总β放射性/（Bq/L）	1

附录Ⅳ
化学实验室安全守则

　　实验中，经常会使用腐蚀性、易燃、易爆或有毒的化学试剂，大量使用易损的玻璃仪器和一些精密分析仪器，以及水、电等。为确保实验的正常进行和实验人员的人身安全，必须严格遵守实验室的安全守则：

　　1. 实验室内严禁饮食、吸烟，一切化学品和器皿禁止入口。

　　2. 严禁用湿润的手去接触电闸和电器开关。

　　3. 浓酸、浓碱具有强烈的腐蚀性，操作时尽量不要溅到皮肤和衣服上。使用浓硝酸、浓盐酸、高氯酸、氨水等挥发性的物质时，均应在通风橱中操作。

　　4. 使用四氯化碳、乙醚、苯、丙酮、三氯甲烷等有机溶剂时，一定要远离火焰和热源。使用完毕应将试剂瓶塞紧，于阴凉处存放。

　　5. 如发生烫伤，应在烫伤处抹上治烫伤软膏。严重者应立即送医院治疗。

　　6. 实验室如发生火灾，应根据起火原因进行针对性灭火，并根据火情决定是否向消防部门求救和报告。

　　7. 实验室应保持整齐、干净。不能将毛刷、抹布等放在水槽中。禁止将固体物、玻璃碎片等遗留在水槽中，以免造成下水道的堵塞。

　　8. 做完实验后，应将实验药品和仪器回归原位，将桌面擦干净，经老师检查同意后方可离开实验室。

附录 V
中学化学实验常用仪器

1. 反应容器（附表5-1）

附表5-1　反应容器

仪器图形与名称	主要用途	使用方法及注意事项
试管	用作少量试剂的溶解或反应的仪器，也可收集少量气体、装配小型气体发生器	1. 可直接加热，加热时外壁要擦干，用试管夹夹住或用铁夹固定在铁架台上； 2. 加热固体时，管口略向下倾斜，固体平铺在管底； 3. 加热液体时，液体量不超过容积的1/3，管口向上倾斜，与桌面成45°，切忌管口向着人； 4. 装溶液时不超过试管容积的1/2
烧杯	配制、浓缩、稀释、盛装、加热溶液，也可作较多试剂的反应容器、水浴加热器	加热时垫石棉网，外壁要擦干，加热液体时液体量不超过容积的1/2，不可蒸干，反应时液体不超过容积的2/3，溶解时要用玻璃棒轻轻搅拌
圆底烧瓶　平底烧瓶	用作加热或不加热条件下较多液体参加的反应容器	平底烧瓶一般不做加热仪器，圆底烧瓶加热要垫石棉网，或水浴加热。液体量不超过容积的1/2
蒸馏烧瓶	用作液体混合物的蒸馏或分馏，也可装配气体发生器	加热要垫石棉网，要加碎瓷片防止暴沸，分馏时温度计水银球宜在支管口处

176

仪器图形与名称	主要用途	使用方法及注意事项
启普发生器	不溶性块状固体与液体常温下制取不易溶于水的气体	控制导气管活塞可使反应随时发生或停止，不能加热，不能用于强烈放热或反应剧烈的气体制备，若产生的气体是易燃易爆的，在收集或者在导管口点燃前，必须检验气体的纯度
锥形瓶	滴定中的反应器，也可收集液体，组装洗气瓶	同圆底烧瓶。滴定时只振荡，因而液体不能太多，不搅拌。

2. 盛放容器（附表5-2）

附表5-2　盛放容器

仪器图形与名称	主要用途	使用方法及注意事项
集气瓶	收集贮存少量气体，装配洗气瓶，气体反应器，固体在气体中燃烧的容器	不能加热，作固体在气体中燃烧的容器时，要在瓶底加少量水或一层细沙。瓶口磨砂（与广口瓶瓶颈磨砂相区别），用磨砂玻璃片封口
试剂瓶 （广口瓶、细口瓶）	放置试剂用。可分广口瓶和细口瓶，广口瓶用于盛放固体药品（粉末或碎块状）；细口瓶用于盛放液体药品	都是磨口并配有玻璃塞。有无色和棕色两种，见光分解需避光保存的一般使用棕色瓶。盛放强碱固体和溶液时，不能用玻璃塞，需用胶塞和软木塞。试剂瓶不能用于配制溶液，也不能用作反应器，不能加热。瓶塞不可互换
滴瓶	盛放少量液体试剂的容器。由胶头滴管和滴瓶组成，滴管置于滴瓶内	滴瓶口为磨口，不能盛放碱液。有无色和棕色两种，见光分解需避光保存的（如硝酸银溶液）应盛放在棕色瓶内。酸和其他能腐蚀橡胶制品的液体（如液溴）不宜长期盛放在瓶内。滴管用毕应及时放回原瓶，切记！不可"串瓶"

仪器图形与名称	主要用途	使用方法及注意事项
干燥器	用于存放需要保持干燥的物品的容器。干燥器隔板下面放置干燥剂,需要干燥的物品放在适合的容器内,再将容器放于干燥器的隔板上	灼烧后的坩埚内药品需要干燥时,须待冷却后再将坩埚放入干燥器中。干燥器盖子与磨口边缘处涂一层凡士林,防止漏气。干燥剂要适时更换。开盖时,要一手扶住干燥器,一手握住盖柄,稳稳平推
贮气瓶	用做实验中短期内贮备较多量气体的专用仪器	贮气瓶等所有容器类玻璃仪器均不能加热,使用时也切记骤冷骤热。贮气前要检查气密性

3. 测量仪器(附表5-3)

附表5-3　测量仪器

仪器图形与名称	主要用途	使用方法及注意事项
托盘天平	称量药品(固体)质量,精度≥0.1g	称前调零点,称量时左物右码,精确至0.1g,药品不能直接放在托盘上(两盘各放一大小相同的纸片),易潮解、腐蚀性药品放在玻璃器皿中(如烧杯等)中称量
温度计 37　8	测定温度的量具,温度计有水银的和酒精的两种。常用的是水银温度计	使用温度计时要注意其量程,注意水银球部位玻璃极薄(传热快)不要碰着器壁,以防碎裂,水银球放置的位置要合适。如测液体温度时,水银球应置于液体中;做石油分馏实验时水银球应放在分馏烧瓶的支管处
量筒	粗量取液体体积(精确度≥0.1mL)	无0刻度线,刻度由下而上,选合适规格减小误差,读数同滴定管。不能在量筒内配制溶液或进行化学反应,不可加热

仪器图形与名称	主要用途	使用方法及注意事项
容量瓶	用于准确配置一定物质的量浓度的溶液，常用规格有5mL、10mL、25mL、50mL、100mL、150mL、200mL、250mL、500mL、1000mL等	用前检查是否漏水，要在所标温度下使用，加液体用玻璃棒引流，定容时凹液面与刻度线相切，不可直接溶解溶质，不能长期存放溶液，不能加热或配制热溶液
pH计	测量溶液pH值用的仪器。以pH玻璃电极为测量电极	
酸式滴定管　碱式滴定管	中和滴定（也可用于其他滴定）的反应，可准确量取液体体积，酸式滴定管盛酸性、氧化性溶液，碱式滴定管盛碱性、非氧化性溶液，二者不能互代	使用前要洗净并检查是否漏液，先润洗再装溶液，"0"刻度在上方，但不在最上；最大刻度不在最下。精确至0.1mL，可估读到0.01mL。读数时视线与凹液面相切 滴定管夹
移液管	常用的移液管有5mL，10mL，25mL和50mL等规格。具有刻度的直形玻璃管称为吸量管。常用的吸量管有1mL，2mL，5mL和10mL等规格。可准确到0.01mL	同一实验中应尽可能使用同一支移液管。移液管在使用完毕后，应立即用自来水及蒸馏水冲洗干净，置于移液管架上 操作步骤

4. 干燥、洗涤、冷凝气体的仪器（附表5-4）

附表5-4　干燥、洗涤、冷凝气体的仪器

仪器图形与名称	主要用途	使用方法及注意事项
冷凝管	规格：有直形、球形、蛇形和刺形等 用途：用于蒸馏液体或有机制备中，起冷凝或回流作用	冷凝管在使用时应将靠下端的连接口以塑胶管接上水龙头，当作进水口。因为进水口处的水温较低，而被蒸汽加热过后的水温度较高；较热的水因密度降低会自动往上流，有助于冷却水的循环 牛角管
U形管	可用作干燥器、电解实验的容器、洗气或吸收气体的装置	内装粒状干燥剂，两边管口连接导气管；也可用作电解实验的容器，内装电解液，两边管口内插入电极；还可用作洗气或吸收气体的装置
干燥管	常与气体发生器一起配合使用，内装块状固体干燥剂，用于干燥或吸收某些气体	欲收集干燥的气体，使用时其大口一端与气体输送管相连。球部充满粒状干燥剂，如无水氯化钙和碱石灰等
洗气瓶	洗气瓶内装选定的液体，用以洗涤气体，除去其中的水分或其他气体杂质。 该瓶还可以收集气体以及计算气体的体积	使用时注意气体的流向，进气管与出气管不能接反。洗气瓶不能长时间盛放碱性液体洗涤剂，用后及时将该洗涤剂倒入有橡胶塞的试剂瓶存放待用，并用水清洗干净放置。 一般情况下，长导管进，短导管出。长导管进密度比空气小的气体，短导管进密度比空气大的气体

5. 其他仪器（附表5-5）

附表5-5　其他仪器

仪器图形与名称	主要用途	使用方法及注意事项
 简易漏斗　　布氏漏斗　热过滤漏斗	过滤或向小口径容器注入液体；易溶性气体吸收（防倒吸）	不能用火加热，过滤时应"一贴二低三靠"
 长颈漏斗	装配反应器，便于注入反应液	下端应插入液面下，否则气体会从漏斗口跑掉
 分液漏斗	用于分离密度不同且互不相溶的液体；也可组装反应器，以随时加液体；也可用于萃取分液	使用前先检查是否漏液。分液时下层液体自下口放出，上层液体从上口倒出，放液时打开上盖或将塞上的凹槽对准上口小孔
 普通酒精灯 酒精喷灯	用作热源	酒精不能超过容积的2/3，不能少于1/4，加热用外焰，熄灭用灯帽盖灭，不能用嘴吹

在实验室中学环保

续表

仪器图形与名称	主要用途	使用方法及注意事项
水浴锅	当被加热的物体要求受热均匀，温度不超过100℃时，可以用水浴加热	注意不要把水浴锅烧干，也不要把水浴锅作沙盘使用
表面皿	可以蒸发液体。可以作盖子。可以作容器，暂时呈放固体或液体试剂。可以作微量反应器	不能加热
蒸发皿	蒸发皿用于蒸发溶剂，浓缩溶液	蒸发皿可放在三脚架上直接加热，也可用石棉网、水浴、沙浴等加热。不能骤冷，蒸发溶液时不能超过2/3，加热过程中可用玻璃棒搅拌。在蒸发、结晶过程中，不可将水完全蒸干，以免晶体颗粒迸溅
坩埚	用于高温灼烧固体试剂并适于称量，如测定结晶水合物中结晶水含量的实验	能耐1200～1400℃的高温。有盖，可防止药品进溅。坩埚可在泥三角上直接加热，热坩埚及盖要用坩埚钳夹取，热坩埚不能骤冷或溅水。热坩埚冷却时应放在干燥器中 泥三角
研钵	用于研磨固体物质，使之成为粉末状。有玻璃、白瓷、玛瑙或铁制研钵。与杵配合使用	不能加热，研磨时不能用力过猛或锤击。如果要制成混合物粉末，应将组分分别研磨后再混合，如二氧化锰和氯酸钾，应分别研磨后再混合，以防发生反应
点滴板	有白色和黑色两种，在化学定性分析中做显色或沉淀点滴实验时用	带色反应适于在白板上进行；白色或浅色沉淀反应适于在黑板上进行

182

仪器图形与名称	主要用途	使用方法及注意事项
试管夹	用于夹持试管进行简单加热的实验。一般为竹制品	夹持试管时，试管夹应从试管底部套入，夹于距试管口2～3cm处。在夹持住试管后，右手要握住试管夹的长臂，右手拇指千万不要按住试管夹的短臂（即活动臂），以防拇指稍用力造成试管脱落打碎
药匙	有牛角、瓷质和塑料质三种，两端各有一勺，一大一小，用于取固体药品	根据药品的需要量，可选用一端。药匙用毕，需洗净，用滤纸吸干后，再取另一种药品
坩埚钳	夹持坩埚和坩埚盖的钳子。也可用来夹持蒸发皿	当夹持热坩埚时，先将钳头预热，避免瓷坩埚骤冷而炸裂；夹持瓷坩埚或石英坩埚等质脆易破裂的坩埚时，既要轻夹又要夹牢
铁架台	用于固定放置反应容器；铁圈上可放石棉网，用于放置烧杯或烧瓶等被加热的仪器	固定和组装仪器时应按从下到上、从左到右的顺序进行；夹持仪器时，铁夹松紧适宜，以略能转动、不脱出为宜；固定仪器时，仪器重心要落在底盘上
三脚架	铁制品，可安放被加热的仪器。一般常用于过滤、加热等实验操作	常与石棉网、泥三角及酒精灯等配合使用
石棉网	石棉网用于加热时使物体受热均匀，不致造成局部高温，从而保护仪器不被炸裂。石棉网是用方形铁丝网做成，其中部两面粘有石棉绒	1．不要与水接触，以免石棉脱落或铁网生锈； 2．石棉网应轻拿轻放，避免用硬物撞击而使石棉绒脱落。严禁折叠
水槽	玻璃水槽是用来贮水的容器，它常与集气瓶配合使用进行排水法收集气体。玻璃水槽常为圆柱形	由于具有透明度，便于排水法收集气体时进行观察。为克服其易碎易损坏的缺点，现在已有各种类型的塑料水槽。使用时水槽内水量不宜超过水槽容积的2/3

仪器图形与名称	主要用途	使用方法及注意事项
试管架	试管架是用来放置、晾干试管用的化学实验室的最基本的实验仪器（有时也可以将试管放置于试管架上，观察某个实验的现象）	试管架中附有相应数目的小木（玻璃）柱和小孔。有小孔的可将试管竖放待用或继续观察反应的进行，有柱的可将洗净试管倒放，以便晾干
毛刷	由铁丝和棕毛组成，有大小不同的试管刷、烧瓶刷、滴定管刷等多种规格，用以刷洗各种仪器	使用毛刷要注意在刷洗仪器前要倒清仪器中的废液及残渣并用水冲洗数遍，再选用大小形状适当的毛刷进行刷洗，用后将毛刷洗净后放置于干燥处
燃烧匙	用以盛放可燃性物质做在气体中燃烧的实验。一般为铁柄铜匙或石英玻璃质，没有明确的规格要求	1. 燃烧匙要始终保持干燥清洁； 2. 放入集气瓶中时要由上往下慢慢放入，且不要触及瓶壁； 3. 硫黄、钠、钾与气体的燃烧实验时，应在勺底垫上少许沙子；用作物质与氯气反应时，要用玻璃燃烧匙，不要用铜匙，以免匙本身与氯气反应

参考文献

［1］高红武. "三废"处理及综合利用. 北京：中国环境科学出版社，2005.

［2］谢红梅. 环境污染与控制对策. 成都：电子科技大学出版社，2016.

［3］李明华. 食品安全概论. 北京：化学工业出版社，2015.

［4］化学工业部人事教育司，等. 三废处理与环境保护. 北京：化学工业出版社，1997.

［5］魏振枢，等. 环境保护概论. 3版. 北京：化学工业出版社，2015.

［6］张新英，等. 环境监测实验. 北京：科学出版社，2016.

［7］茅树国，等. 中学化学实验大全. 济南：山东科学技术出版社，1988.

［8］李天民，冯伟. 化学开放实验. 长春：吉林大学出版社，2018.

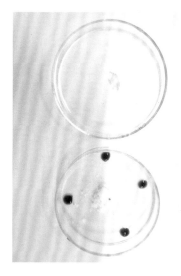
■ 彩图 2-14 反应前

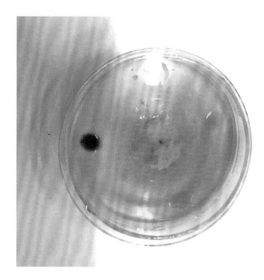
■ 彩图 2-15 反应后

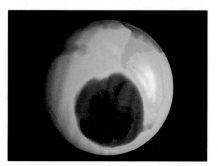
■ 彩图 2-18 南极臭氧层空洞

■ 彩图 2-24 可燃冰

■ 彩图 2-25 美丽的珊瑚礁

■ 彩图 2-26 被破坏的珊瑚礁

■ 彩图 2-27 赤潮

■ 彩图 3-2 丁达尔效应

■ 彩图 3-7 含氮量过高引起水体富营养化

■ 彩图 3-30 滴定前

■ 彩图 3-31 滴定终点时